缎带DIY新手必备的
第一本书

（韩）成允书　著
郑丹丹　译

河南科学技术出版社
·郑州·

前言

Prologue

从“妈妈的手是有魔力的手”的加油声中获得勇气

从第一个孩子1岁3个月开始，我就经常给她梳朝天辫。她圆圆的小脑袋上立起一根小辫子，上面扎着漂亮的缎带头饰，别提有多可爱多讨人喜欢了。早晚外出散步时，领着可爱的小宝贝出门，就好像带着她去炫耀一样，心里美滋滋的。

可是，这个阶段的孩子好奇心极其旺盛，时不时会解开头上扎着的头饰玩耍。我平时没有太在意孩子的这一举动，想不到竟会出事。一天，当我把孩子放在玄关，自己去厨房整理外出用品时，突然听到了孩子号啕大哭的声音。我急忙跑出去一看，孩子的手指上正往外冒着血，原来是头饰中间缠绕着的铁丝扎进了她娇嫩的皮肤。虽然在孩子的成长过程中，小磕小碰会有很多，但作为妈妈，我心里面还是控制不住地难过万分。从那时起，我就开始亲手制作孩子的发夹、发卡、发圈了。

无论如何，铁丝材质的饰品对于流汗多、体温高的孩子来说，都显得不太合适。由于铁丝材质的特性，这种饰品不仅会伤到孩子，还容易引起皮肤炎和过敏等症状。使用缎带正是为了防止此类情况出现，它起着涂层剂的作用，可有效避免铁丝与孩子皮肤的直接接触。在用缎带做出造型时，可以用粗线代替铁丝，这样更安全。

就在我亲手做出一个又一个缎带饰品的过程中，机会悄然而至。当我将自己做出的饰品送给亲朋好友时，周围渐渐出现了希望跟我学习缎带制作的人群，于是我开设了自己的小手工作坊。也许正是因为学习过服装设计，所以我现在才能够继续在设计的道路上前行。模仿成品制作的经验，与消费者直接面谈讲解产品的经验，为进行市场调查东奔西走的经验……所有的一切都让我受益无穷。

带着要制作出更安全的产品、修正不完美部分的坚定信念，积聚着自己心血的这本书来到了这个世上。提到缎带，人们往往首先想到的是饰品，其实，它还可以灵活运用在其他方面，给我们带来全新感受，这本书就填补了这个空缺。书中记载有详细的制作步骤，希望能够帮助大家更好地理解制作过程。

一本书的出版得益于许多人的热心帮助。在创作过程中结识的工艺品店铺的经理们，代替繁忙的我照看孩子们的婆婆和母亲，在孩子面前代我尽心尽力行使母亲职责的丈夫，时常用“妈妈的手是有魔力的手”为我加油的两个女儿瑟亚、夏朗（音译），还有为此书的出版劳心劳力的出版社的各位人员，真心谢谢大家！

成允书

作者简介

作为最亲爱的小公主瑟亚、夏朗（音译）的妈妈和无论何时都扮演着坚强后盾角色的“俊俊”（对丈夫的昵称）的妻子，如果说成允书还希望获得一个头衔，那就是设计师。她最初是一名幼儿园教师，但对设计的热爱和追求让她重新开始学习服装设计。历经重重困难，她终于拥有了印有“设计师”字样的名片，从此踏上了设计创作的道路。在儿童教具设计、小物件设计、特殊舞台服饰设计、服装设计等多个领域，她倾注了自己的全部热情，投入了大量时间，使自己无愧于那张印有设计师字样的名片。她还参加过很多国际性的设计大会和大赛，如“首尔时装周邀请展示会”“K.K.D.A 大韩针织品设计大赛”“KBS 露天音乐会开幕式时装秀”等，并获得诸多奖项。现在她是一名缎带饰品设计师，不仅教授缎带艺术及家庭服饰制作课程，并且直接接受订单，设计并制作缎带饰品。作为一名自由设计师，她富有创意地进行着自己的设计创作活动。

目录

contents

Chapter 1 饰品

Chapter 2 创意用品

Chapter 3 礼物包装

Chapter 4 生活用品DIY

材质、花纹、色彩……寻找缎带中的缎带

缎带种类繁多，其材质、花纹、色彩更是数不胜数。了解常用缎带的特征，为您正确选择缎带打下基础。

基本缎带

● **贡缎缎带** 没有花纹、质感柔软、略带光泽的缎带，能够给人带来高品质的感受。适用于礼物包装、礼服裙装饰、饰品装饰等。仅一面带有光泽的是单面贡缎缎带，两面都带有光泽的是双面贡缎缎带。

● **花纹贡缎缎带** 属于两面都带有光泽的双面贡缎缎带。印有点状、心形、花朵等多样化的图案，适合制作儿童饰品。

● **跳线缎带** 正反两面边缘部位如同粗缝＊过一般，带有跳线花纹的缎带。罗纹缎带上带有跳线花纹的是跳线罗纹缎带，贡缎缎带上带有跳线花纹的是跳线贡缎缎带。

● **罗纹缎带** 正反两面印刻有沟壑，看起来类似于条状花纹的缎带。基本没有光泽，比贡缎缎带厚实。因外形不同，又分为跳线罗纹缎带、花纹罗纹缎带、花边罗纹缎带等。

● **跳线罗纹缎带** 在正反两面边缘部位能够看到类似针脚的跳线花纹的罗纹缎带。适合制作高雅的装饰品。

● **花纹罗纹缎带** 缎带上印有点状、条状、格子、花朵等花纹的罗纹缎带。能够带给人浪漫、可爱的感受。

● **花边罗纹缎带** 用线处理缎带的两条边。边缘部位凹凸有致，外观与蕾丝接近。是营造浪漫、心动感觉的佳选。

● **玻璃纱缎带** 能够带给人轻薄、凉爽的感受，适合制作夏季用饰品。缎带正反两面边缘用钓鱼线处理后，能够掩饰其材质单薄的缺点。

＊本书中出现的"粗缝"即平针缝。鉴于使用习惯，本书保留。
平针缝：最基本的针法，指依相同的方式，以平均的针距一入一出的连续针法。

特别缎带

● **天鹅绒缎带** 与丝绒质感相似的缎带，不过不是用真丝而是用化纤面料制作而成，略微有光泽，带给人温暖的感受，主要用于制作冬季用饰品。

● **提花缎带** 如同刺绣作品、具有刺绣质感的缎带。从轻薄材质到厚实材质，种类丰富多样。因花纹不同，给人带来多姿多彩的感受，用途较为广泛。

● **格子缎带** 多样化的格子图案显得整洁、端庄。由于是棉质材料，无论是制作儿童饰品还是成人饰品，都很适合。也可以和罗纹缎带、贡缎缎带混搭出靓丽效果。

● **珠子 / 亮片缎带** 装饰有珠子或亮片的缎带，价格较高。但可以省掉其他装饰物，使用较为方便。

● **人造革缎带** 具有皮革触感的人造革缎带，上下两边向内折叠并进行了压边处理。在发卡、发夹上粘贴一层进行装饰，给人整洁清爽的感觉；也可以折叠缠绕出造型，制成花饰。

● **布料缎带** 布料缎带具有更为复杂且多样化的花纹及纹理，使用布料缎带制作的饰品更显自然清新。可依照需要，在绒布、棉布、粗布等各式布料缎带中挑选使用。

● **丝绸缎带** 具有韩服质感的缎带，花纹华丽，散发出浓郁的东方气息。在制作发带及传统纹样装饰品时，适合与贡缎缎带搭配使用。

● **其他缎带** 根据材质，缎带还包括水貂皮、麂皮、毛织等丰富多样的种类。近来注重手工工艺的进口缎带逐渐畅销，其色彩、针线技巧、设计等与韩国缎带存在较大差异。一般的饰品中，使用自然风格的缎带较多，可依照个人爱好选择。

小提示

还有诸如棉蕾丝、贡缎蕾丝、纱网蕾丝、珠子蕾丝等各种装饰用蕾丝。挑选适合缎带材质与种类的蕾丝使用即可。

丝绸缎带

布料缎带①

布料缎带②

布料缎带③

布料缎带④

人造革缎带

珠子 / 亮片缎带

格子缎带

天鹅绒缎带

剪裁、缝合、粘贴时所需的缎带DIY工具

在使用缎带制作饰品时，还需要其他工具。
剪裁时，缝纫时，粘贴时……
选择有效的工具，能够显著提高制作效率。

剪裁工具

● **剪刀** 建议选择适合剪裁缎带和布料的优质工艺用剪刀，比进口剪刀便宜，性能优良，但不适合剪裁封口条和工艺用铁丝等。

● **纱剪** 可以防止剪裁缎带两端后边缘脱线。此外，还可以作为辅助剪刀，整理已经脱线的边缘部位。

● **刀** 在制作缎带饰品时较少使用，但在制作创意用品、家居用品等的过程中，可用于改造物品等。

缝纫工具

● **毛毡彩线** 工艺用进口线，即使大力拉拽，也不易断开。即使实线显露出来，由于具有光泽，也能够增加美感。选择与缎带色彩协调的线即可。

● **粗线** 在制作一般缎带工艺饰品时，常使用工艺用铁丝在制作出花型后于中间部位缠绕固定，十分快捷方便，但孩子的皮肤如果接触到工艺用铁丝，容易引起过敏或皮肤炎等症状。因此，本书中使用粗线代替铁丝，先粗缝中间部位，拉线收拢后再缠绕一至两圈打结固定。

● **针** 依据针的长度和针孔的大小，分为大、中、小三种。大针可以代替锥子，中针多用于粗缝饰品缎带，小针多用于在缎带或布料中间填充棉花后缝合开口。也可以直接使用家中现有的针。

粘贴工具

● **胶棒** 轻薄圆柱形的黏着剂。原料中含有硅，用电加热后熔化为液体流出。具有较强的黏着效果，但容易凝固，因此需要快速使用。熔化后的液体温度非常高，使用时小心烫伤。

● **胶枪** 用电加热后，将熔化的胶涂抹使用的枪形工具。使用胶枪涂抹时，熔化后的黏着剂一挤就会流出，不挤则不会流出。胶枪孔比较细小，适合细致的工艺操作。

● **双面胶带** 撕掉隔离胶带后，两面都具有黏着性的胶带。胶带自身较薄，适合在将缎带与其他物品相粘贴时使用，无需担心粘贴效果不平整。有0.5cm、0.7cm、0.9cm、1.5cm等宽度的胶带，可根据缎带宽度灵活选择。

其他工具

● **打火机** 轻微烧烫整理缎带末端时的必备品。如同折叠出缎带形状后需要进行捆扎一样，这一步骤也经常用到。只有这样，才能防止缎带边线脱落。

● **尺子** 不仅在最初测量缎带长度时使用，在制作过程中也会经常用到。制作过程中，测量粗缝间距时，或者拉线收拢调节长度时，都需要不断进行测量。

● **毛毡** 将缎带饰品粘贴在发夹或发卡上时，为了覆盖住不应外露的部位，常使用毛毡。粘贴毛毡，能够起到支撑作用，防止缎带松散。没有毛毡时，可用材质较厚的无纺布代替。

● **水消笔** 剪裁较长的缎带时，在适当位置用水消笔做标示后，能够更准确地剪裁或折叠。用水清洗后能够很容易消除标示痕迹。

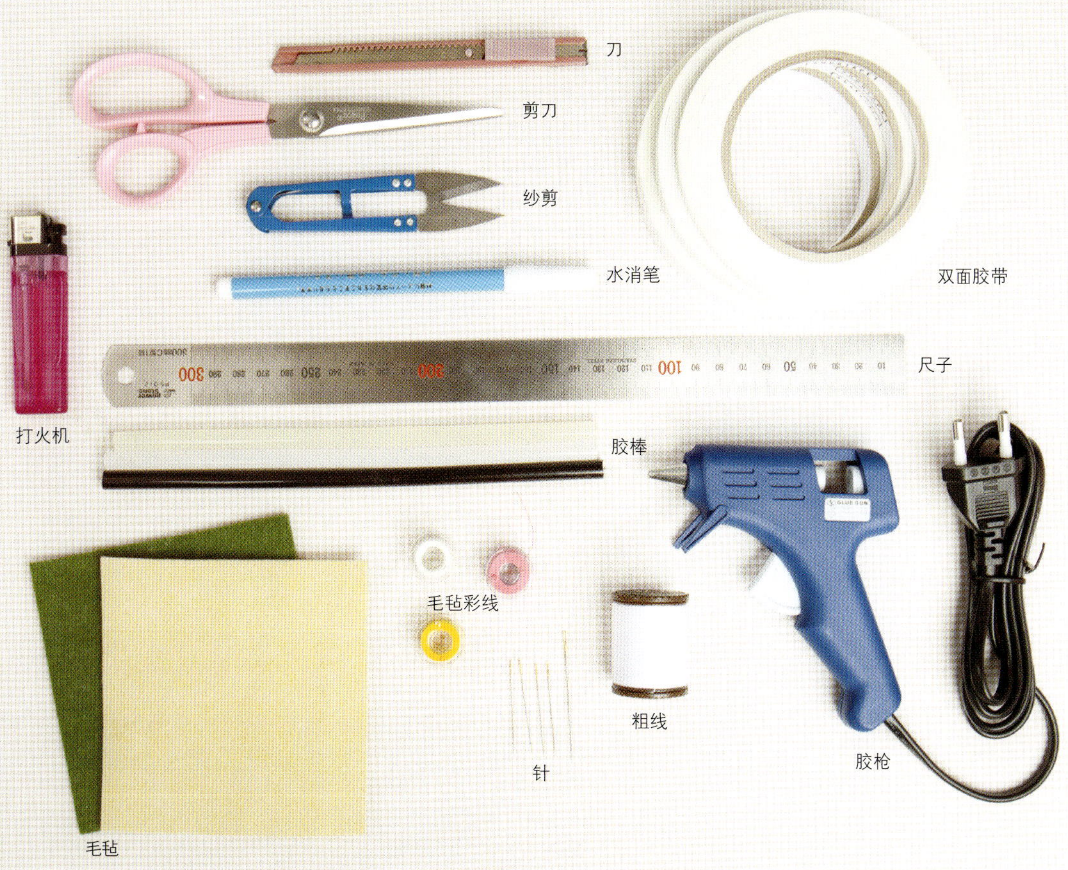
刀
剪刀
纱剪
水消笔
双面胶带
尺子
打火机
胶棒
毛毡彩线
粗线
针
胶枪
毛毡

根据所需，择优选择缎带辅料

将一针一线制作的缎带装饰品粘贴在夹子上就成了发夹，粘贴在发箍上就成了发卡，粘贴在皮筋上就成了发圈。令缎带锦上添花的辅料还有纽扣、亮片、胸针等，请预先加以了解。

发夹

● **镍制自动夹** 镍材质的发夹，按压两侧扣合部位即可打开夹子。可用于制作儿童、青少年、成人用的多样性发夹，应用较为普遍。依据发量多少，可灵活选择5cm、6cm、7cm、10cm等长度的夹子。在较短的发夹上装饰儿童用纱网，在较长的发夹上装饰成人用纱网就可以制作成纱网发夹。

● **长棒镍制自动夹** 又窄又长的发夹，适合固定较少的发量。由于夹子本身细长，因此适合较为简洁的装饰。长度分为6cm、8cm、10cm。

● **镍制扁平自动夹** 宽度约为1cm，较为扁平，是这款发夹的特征。这款夹子具有耐使用、故障少的优点。由于面较宽，方便装饰多样化的珠子、亮片，可以营造出高档、厚重的气息。除了镍材质，还有表面为压克力材质的夹子。

● **镍制四角夹子式发夹** 在夹子式自动夹中使用较为普遍的一种。长度分为3.5cm、4.7cm、6cm、8cm等。打开后，内部形态类似于梳子齿，可以有效固定头发，防止头发松散。如果是圆形底座的夹子，则适合粘贴外形大且厚重的装饰品。

● **镍制铅笔芯夹子式发夹** 外形类似于四角夹子式发夹，内部形态类似于梳子齿，但并不尖锐，适用于头皮嫩薄的儿童。

● **线夹** 包括具有能够粘贴缎带装饰的底座的线夹和没有底座的线夹两种。用宽0.5cm的缎带制作出造型粘贴在夹子上，或直接粘贴一颗仿真珍珠都很美观，适合刚接触缎带制作的初学者使用。

● **BB夹** 前后弯曲张合开关的夹子。分为镍制BB夹和纽扣镀膜BB夹。前者可在包裹缎带后打造出自己心仪的花型，后者镀有压克力，且有纽扣状底座，可直接粘贴缎带。

● **玛格丽特夹** 夹子末端扣合处呈“∞”形。圆长的夹子扣合一端更宽，扣合方式是夹子下方呈圆形的部分和孔洞对齐后进行扣合。适合制作佩戴在长直发上轻薄、简洁的发夹。但在扣合时容易扯到头发，需小心。

发卡

● **梳齿发卡** 发卡内侧呈齿状，能够防止头发松散滑落。宽度有1cm、1.5cm、2.5cm的，颜色有白、黑两色。一般使用1.5cm宽的发卡。

● **包裹式发卡** 同梳齿发卡一样分为三种宽度。没有尖锐齿状的突出部分，全部使用缎带包裹，具有纯手工质感，散发出自然气息。使用具有刺绣质感的提花缎带包裹的发卡足以令人眼前一亮。

● **镀膜发卡** 外形类似于梳齿发卡和包裹式发卡，表面有镀膜，一般呈黑色。无需使用缎带包裹，直接将制作成的缎带装饰品粘贴在发卡上即可。便于制作简洁的发卡。

● **双条发卡** 发卡中间分为两条，两端重合在一起。在制作儿童用发卡时，可以在发卡上粘贴假发或头巾，打造全新造型。

● **镍制发卡** 宽度有0.3cm、0.5cm的，一般制作成人用发卡时常使用0.5cm宽发卡。由于是镍材质，因此需要在表面粘贴缎带或用缎带缠绕。如果制作过程较为烦琐，可以直接购买已缠绕好缎带的镍制发卡使用。

发夹·发卡

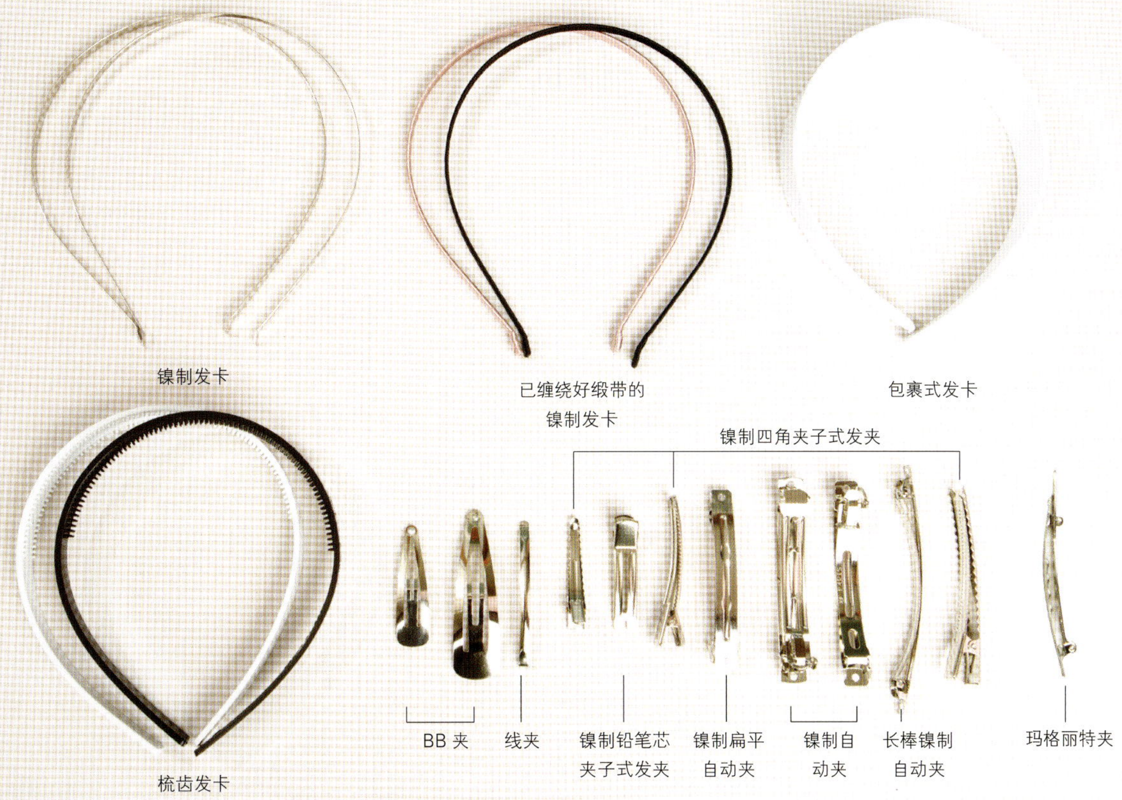
镍制发卡
已缠绕好缎带的
镍制发卡
包裹式发卡
镍制四角夹子式发夹
梳齿发卡
BB 夹
线夹
镍制铅笔芯
夹子式发夹
镍制扁平
自动夹
镍制自
动夹
长棒镍制
自动夹
玛格丽特夹

发圈

胸针式橡皮筋 胸针底座粘贴在橡皮筋上制作的一种发圈。儿童、成人均适合使用。制作儿童用发圈时，可粘贴玩偶等；制作成人用发圈时，可粘贴华丽的花朵饰品。

花帽橡皮筋 在制作儿童用发圈时最常使用。在花朵形状的帽扣上粘贴缎带装饰品即可，不仅可以遮挡缎带下方的针脚痕迹，还能够加固装饰品，一举两得。

半球帽橡皮筋 帽扣不是花朵形状，而是半球形状。由于体积较小，因此支撑能力较弱。比起体积大且厚重的装饰品，更适合粘贴轻小装饰品。

装饰

塑料或压克力饰品 使用塑料或压克力材料制作而成的小饰品，经常使用在儿童饰品中。制作成孩子们喜爱的玩偶形象或动物、心形、花朵等造型的饰品，适合搭配贡缎缎带或罗纹缎带。只需涂抹胶后，粘贴在缎带中间部位即可。

仿真珍珠・半球珍珠 在制作花饰时，为了彰显高贵气质常使用，有0.5~1.4cm的尺寸，丰富多样，依据装饰品的大小灵活选择即可。半球珍珠的形态并非球形，而是半球形，便于粘贴，可以有效遮盖缎带中间部位的针线痕迹。仿真珍珠适合搭配丝绸缎带、天鹅绒缎带。如果想营造古典风情，则可选用无光泽的仿真珍珠。

徽章 类似于缝制在大衣或外套上的刺绣装饰品。从韩国风格到古典风格、可爱动物风格，应有尽有。本书中在制作梨核发带发卡（参考P37）时，在丝绸包扣上装饰了蝴蝶刺绣徽章。如果想营造古典风情，可使用青色缎带或格子缎带。

玩偶 使用毛或绒布料，填充进轻薄的海绵，制作出一面凹凸有致的外形。动物、树木、花朵等多种多样的造型能够带来温馨的感觉。适合搭配丝绸缎带或天鹅绒缎带，在制作装饰品或创意产品时可灵活运用。

纽扣 纽扣有木质、塑料等材质，种类繁多，形状各异。依据布料的特点和色彩搭配选择适合的纽扣即可。木质纽扣能够凸显古典气息，格子花纹纽扣能够展现自然风格。彰显复古风情的民俗艺术纽扣搭配丝绸缎带、天鹅绒缎带或水貂皮缎带等更显高贵典雅。

其他

包扣 将具有特定花纹的布料放入机器，利用机器将其包裹在圆形铁质或塑料纽扣上的一种扣子。在家手工制作难度较大，建议购买成品。一般多用在儿童连衣裙或外套上，也可以用来制作简洁的发圈。

迷你玫瑰 适合装饰在小熊玩偶、兔子玩偶上，制作饰品或创意用品。用缎带制作成玩偶的衣服后，在衣服前后或玩偶帽子上装饰迷你玫瑰，美丽又可爱。

夹子 专用于皮鞋花饰、胸针的制作中。将夹子的扣合部位套入缎带饰品的背面，可以装饰在任意位置，令人眼前一亮，可依照个人喜好选择大小及形状。

小提示

除此之外还有塑料或压克力珠子、布标、亮片、手机链、钥匙链等可供使用。在缎带工艺专营店，您可以寻找到各式各样具有独特创意的辅料，依照个人喜好可以尽情选购。

发圈·装饰·其他

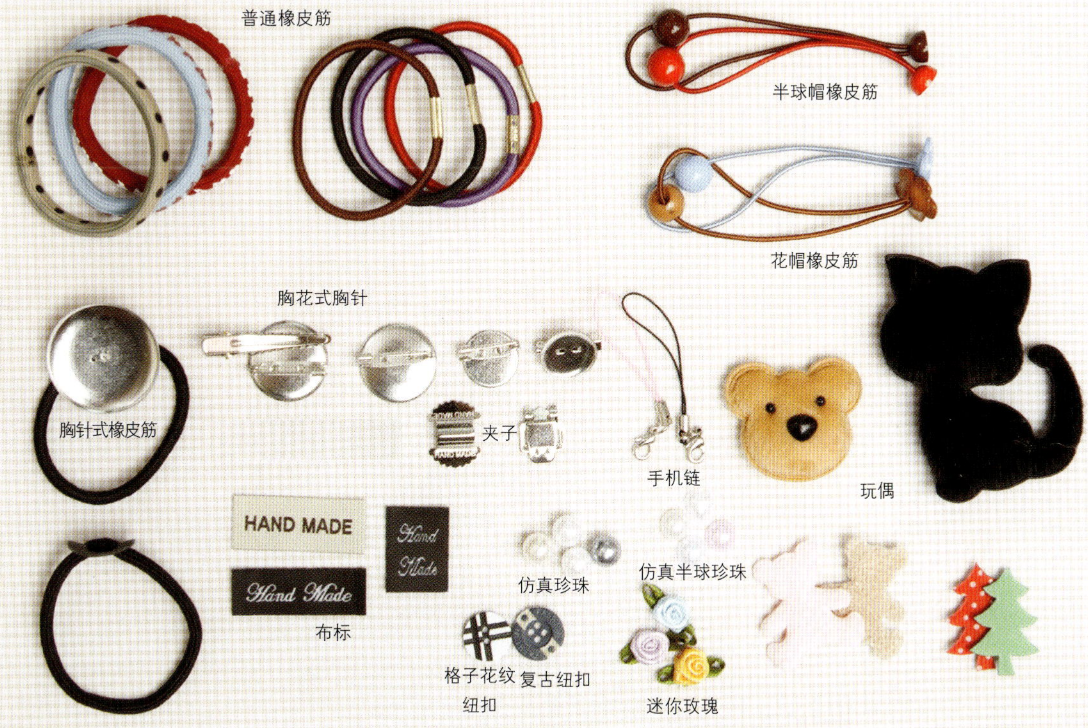
普通橡皮筋
半球帽橡皮筋
花帽橡皮筋
胸花式胸针
胸针式橡皮筋
夹子
手机链
玩偶
HAND MADE
Hand Made
Hand Made
布标
仿真珍珠
仿真半球珍珠
格子花纹
纽扣
复古纽扣
迷你玫瑰

活灵活现的创意——用缎带制作的儿童床铃

这是作者最希望介绍给大家的创意作品。
就像一边想着即将出生的小宝宝一边进行胎教一样，轻松制作这款床铃吧。这里将为您介绍适用于新生儿的黑白床铃，以及能够帮助成长中的孩子自然而然学习色彩的彩色床铃。

黑白床铃（3~4 个月新生儿适用）

材料

- 泡沫塑料圈5个
- 八音盒1套
- 手工兔子玩偶5个
- 黑色毛毡（边长20cm）1片
- 狮子装饰品1个

床铃装饰用缎带

- 黑色贡缎缎带（宽4cm）5码*
- 蕾丝（宽2cm）5码
- 白色音符花纹罗纹缎带（宽2.5cm）1码
- 黑色贡缎缎带（宽1.5cm）7码
- 围棋棋盘花纹罗纹缎带（宽1.5cm）4码
- 白色贡缎缎带（宽1.5cm）7码

玩偶装饰用缎带

- 围棋棋盘花纹罗纹缎带（宽2.5cm）1码
- 白色王冠花纹罗纹缎带（宽2.5cm）1码
- 黑色王冠花纹罗纹缎带（宽2.5cm）1码
- 白色钢琴花纹罗纹缎带（宽2.5cm）1码
- 黑色钢琴花纹罗纹缎带（宽2.5cm）1码
- 黑色迷你玫瑰2朵
- 白色迷你玫瑰3朵
- 黑色点状花纹缎带制作的蝴蝶结2个
- 白色点状花纹缎带制作的蝴蝶结3个
- 白色镶黑边心形饰品1个
- 白色点状花纹心形饰品2个
- 黑色点状花纹心形饰品2个
- 黑色收尾缎带3码
- 白色收尾缎带3码

用缎带缠绕泡沫塑料圈

1 将1.5cm宽的黑色贡缎缎带、白色贡缎缎带、围棋棋盘花纹罗纹缎带分别缠绕在泡沫塑料圈上，用胶粘贴。

2 准备2个黑色、2个白色、1个围棋棋盘花纹的泡沫塑料圈，剩余缎带在装饰手工兔子玩偶时使用。

1

装饰八音盒

3 准备八音盒，狮子装饰品，宽2.5cm、长45cm的白色音符花纹罗纹缎带，宽4cm、长45cm的黑色贡缎缎带，宽2cm、长45cm的蕾丝。

4 如图，将蕾丝用白色线粗缝在黑色贡缎缎带下方。

5 缝制结束后，再粗缝黑色贡缎缎带上方，拉线收紧，使其成为甜甜圈形状，用胶 粘贴两端。

6 依照步骤5的方法处理白色音符花纹罗纹缎带，随后在中间孔洞处涂抹胶，粘贴狮子装饰品。

7 用胶把步骤6中的装饰品粘贴在步骤5的装饰品上面。然后用胶牢固粘贴在八音盒的发条相对的一面即可。

4

5

7

小贴士

- 根据所需适当剪裁缎带即可。
- 将蕾丝缝制在黑色贡缎缎带下端时，请不要收紧线。

* “码”是非法定长度单位，鉴于使用习惯，本书保留。1码约合91厘米。

装饰床铃框架

8 将宽4cm的黑色贡缎缎带剪裁出45cm、135cm、225cm的长度备用。同时准备45cm、135cm、225cm长的蕾丝和黑色毛毡。

9 将45cm长的蕾丝粗缝在同等长度的黑色贡缎缎带下方。

10 粗缝没有蕾丝的一边，缝制完成后拉线收拢，制成甜甜圈形状。用胶粘贴缎带两端。

11 将135cm、225cm长的缎带也依照步骤9和步骤10操作后备用。135cm缎带收拢后长23cm，225cm缎带收拢后长33cm。

12 将黑色毛毡剪裁为直径20cm的圆形，在中间打孔，孔的直径为6~7cm。

13 将收拢后长33cm的缎带粘贴成甜甜圈形状，再将步骤12中的毛毡粘贴在其背面。

14 将步骤13中的缎带正面朝上，在露出的毛毡上涂抹胶，将收拢后长23cm，同样制成甜甜圈形状的缎带粘贴在上面。.

15 在步骤14中的缎带上粘贴步骤10中的缎带，随后将床铃框架夹入缎带中间的孔洞中。在中心的钩环上连接八音盒即可。

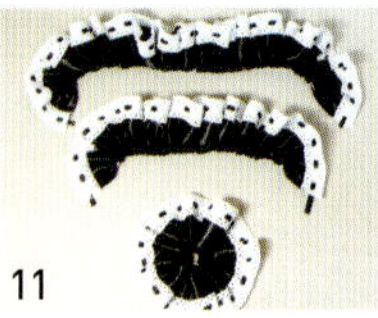
11

14

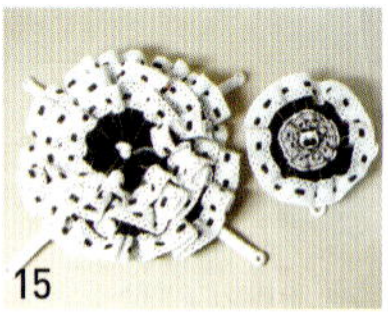
15

小提示

孩子出生5个月后换成彩色床铃吧

依照相同方法可以制作出彩色床铃。出生不到5个月的宝宝尚不能区分色彩，因此可以使用黑白床铃。在这之后，为了帮助孩子自然而然地开始识别色彩，则可以换成彩色床铃。可以选用同种材质的缎带，以红、黄、蓝三色为主。

制作兔子玩偶装饰品

16 准备一条宽2.5cm、长90cm的围棋棋盘花纹罗纹缎带。将上端粗缝后，紧紧拉线收拢出褶皱后打结。

17 将黑色收尾缎带环绕在兔子身上，制成T恤衫形状，剪裁掉剩余部分。将步骤16中的缎带环绕兔子下身一周，制作成裙子，用胶粘贴。

18 在裙子上用胶粘贴固定用白色点状花纹缎带制作的蝴蝶结。

19 将步骤2中剩余的1.5cm宽的围棋棋盘花纹罗纹缎带剪裁出10cm长。制作成甜甜圈形状后，在中间粘贴白色迷你玫瑰。

20-1 翻转步骤19中的缎带，如图，用针穿入其上下部位。

20-2 将相对应的两端粗缝，制作成蝴蝶结装饰，并粘贴在兔子耳朵处。

21 如图，将1.5cm宽的围棋棋盘花纹罗纹缎带折叠成蝴蝶结。

22 如图将较长的一端缎带以斜线穿过，再从上向下折叠一次，制作成双蝴蝶结。

23 粗缝中间部位，粘贴上与之相搭配的心形饰品，然后用胶粘贴在兔子的背部。

24 剪裁90~135cm长的黑色收尾缎带，穿过兔子耳朵之间的环，在环上捆绑一次后，将两端缎带调成一样长。

25 在缠绕好缎带的泡沫塑料圈上捆绑步骤24中的兔子玩偶。如图，将缎带缠绕在泡沫塑料圈上后，用胶粘贴，再将缎带捆绑一次即可。

26 依照相同方法将剩下的4个兔子玩偶装饰品制作好后固定在剩下的泡沫塑料圈上。

27-1 将围棋棋盘花纹的泡沫塑料圈固定在床铃中间，黑色和白色泡沫塑料圈呈“X”形固定。

27-2 连接至床铃时，将缎带穿入孔洞中，系成蝴蝶结即可。

18

20-1

20-2

21

22

23

24

25

27-1

27-2

购买材料的缎带工艺专营店铺

这里将为您介绍韩国的一些方便您选购材料的网上店铺信息。
每家店铺的商品、特征存在不同程度的差异，请您根据您的需求自由选择。

● T缎带www.tribbon.co.kr

这个网站上主要销售中低价位的韩国产缎带，与零买相比，批发购入产品能够享受更加低廉的价格。发夹和发卡的质量优良，少有生锈或镀层脱落现象。

● 时尚小品www.kumkuart.com

您可以在这里购买到进口自日本、美国、德国、法国等国家的缎带。美国和日本的缎带色彩漂亮，尤其自然；德国和法国的缎带质感柔软，光泽亮丽。价格虽然偏高，但能够演绎出一番别样的异国风情。

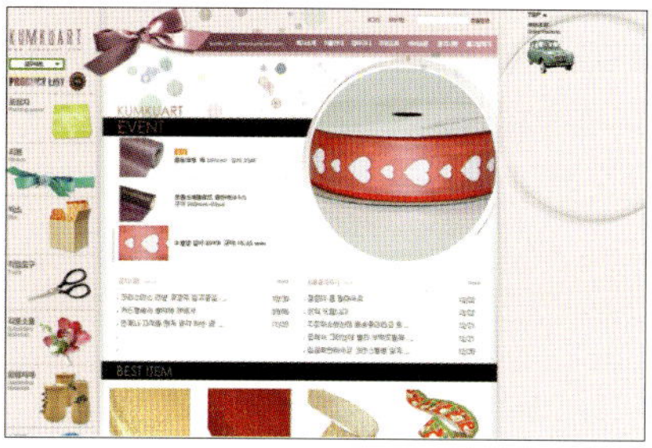

● 金具艺术fashion-item.co.kr

如果您希望使用缎带制作出除饰品外的其他物品，那么我们要向您推荐这家店铺了。这里不仅销售贡缎缎带、罗纹缎带、玻璃纱缎带、提花缎带等各式各样的缎带，而且还销售包装材料、辅料、盒子等。如果您在为纪念日做准备，不妨来这里逛逛。

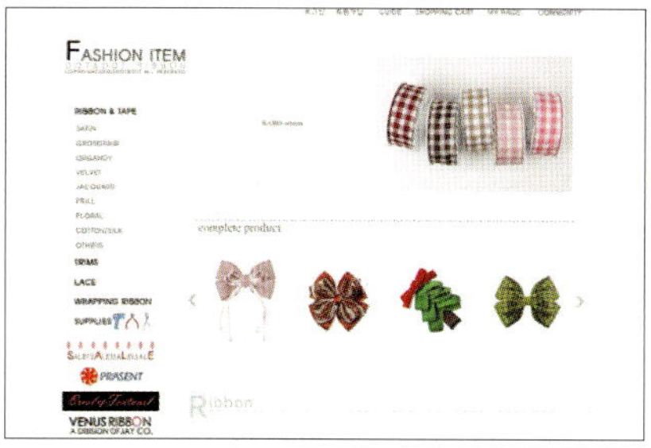

小提示

网上有诸多销售缎带DIY材料及工具的店铺，您只需在网络上搜索，便能够获取详尽信息*。

如果您想去实体店，那么可以选择首尔东大门综合市场A栋1层，江南高速汽车站地下商场3层。东大门综合市场地下1层销售缎带、毛毡、亮片、珍珠、纽扣等各式各样的材料。

*小编建议读者朋友不妨在淘宝网上找到自己喜欢的店铺，只要搜索“缎带”二字，便有大量相关店铺可供筛选。

或拧或缝或缠！缎带装饰简单整理

缎带工艺技巧种类繁多，超乎想象，因此难易度也有所差异。
接下来就为您介绍一下本书中会涉及的几种技巧，帮助您提前预热，树立自信。

●技巧1

参考浪漫花球发圈制作步骤（P25）

将缎带两端折叠至中间，稍有重叠后缝合中间部位，拉线收拢，这是一种使用较为普遍的方法。如果将缎带呈“∞”形扭曲折叠是不是更漂亮了呢？

●技巧2

参考普罗旺斯发卡制作步骤（P31）

可以将制作好的这款缎带包裹在其他拉线收拢后的缎带中间部位，也可以缠绕在捆绑后打结的缎带上，遮挡针线痕迹。如图，折叠缎带后，把朝向上方的一端穿入孔洞中，拉伸两端即可。

●技巧3

参考小熊圆珠笔制作步骤（P67）

将1条缎带折叠出蝴蝶结后，用线缝合固定中间部位，拉线收拢，在中间部位粘贴装饰品，就能够完成简洁的蝴蝶结装饰品。也可以用缎带折叠出两个蝴蝶结重叠的外形。

摄影场所赞助

CAFE TREE

首尔中区双林洞146-2号 电话：02-2269-6455

缎带的材质与外形、色彩、花纹搭配协调，就能时而突出优雅气质，时而彰显可爱气质。在一条简单的缎带上搭配精细的装饰，会给人带来截然不同的感受。经典、自然、浪漫……您尽可以制作出多样化的饰品。

Chapter 1

饰品

Sweet
Bear

摩登时尚的

格子缎带发夹

小贴士

· 将自动夹中间的调节夹一端打开，在“U”形空隙中夹入纱网再扣合，即可以制作出适合儿童佩戴的纱网发夹。

材料

- 褐色罗纹缎带（宽2.5cm）18cm2条
- 金色贡缎缎带（宽2.5cm）18cm2条
- 格子花纹棉缎带（宽2.5cm）15cm4条
- 褐色收尾缎带1码
- 小熊木制纽扣2个
- 镍制自动夹2个

制作缎带装饰品

1 将褐色罗纹缎带对折后，标记出中心线。以中心线为基准，将两端向中间折叠后重叠0.5cm。

2 粗缝中间部位。拉线收紧，缠绕多次后，打结收尾，制成蝴蝶结。

3 依照相同方法，将准备好的金色贡缎缎带、格子花纹棉缎带制作成蝴蝶结。

4 如图在褐色罗纹缎带蝴蝶结和金色贡缎缎带蝴蝶结侧面中间部位涂抹胶后，粘贴固定。

5 依照相同方法粘贴固定2个格子花纹棉缎带蝴蝶结。

6 在步骤4中的缎带中间部位涂抹胶后，粘贴固定步骤5中的缎带。

7 在步骤6中的缎带中间部位涂抹胶，缠绕褐色收尾缎带后粘贴固定。粘贴时，使收尾缎带的两端聚合在中间部位，剪裁掉剩余缎带即可。

8 将剩余的收尾缎带剪裁出2条15cm长的缎带。对折后标记出中心线，如图折叠缎带一端。

9 缎带另一端也朝下折叠后，用胶粘贴固定。然后在缎带中间位置粘贴小熊木制纽扣。

10 在镍制自动夹上涂抹胶后，依次粘贴固定步骤7中的装饰品和步骤9中的装饰品即可。

TASSE
CAFÉ

浪漫花球发圈

材料

- 粉色花帽橡皮筋2根
- 粉色罗纹缎带（宽2.5cm）18cm 4条
- 花朵花纹罗纹缎带（宽2.5cm）18cm4条
- 淡粉色罗纹缎带（宽2.5cm）14cm2条

制作缎带装饰品

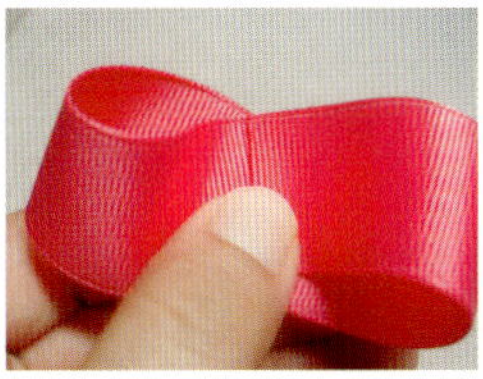

1 以粉色罗纹缎带中心线为基准，将两端向中间折叠后重叠0.5cm。为防止松散，抓住中间部位，将缎带略微扭转成“∞”形。

2 保持步骤1中扭转后的形态，粗缝缎带中间部位，拉线收拢，缠绕线后打结。

3 依照步骤1、2的方法处理剩余的粉色罗纹缎带和花朵花纹罗纹缎带。

4 如图在2个粉色罗纹缎带装饰品侧面中间部位涂抹胶后，粘贴固定。依照相同方法粘贴固定2个花朵花纹罗纹缎带装饰品。

5 如图，将步骤4中的粉色罗纹缎带和花朵花纹缎带装饰品交叉摆放后，用胶粘贴固定。

小贴士

- 选择花帽橡皮筋，有助于装饰品粘贴得更加牢固。

花球收尾

6 将淡粉色罗纹缎带仿照打结的方式缠绕出一个环后，将缎带一端从环中拉出，系成一个三角结。（参考P18）

7 在步骤5中缎带装饰品的中间部位涂抹胶，如图粘贴固定步骤6中的缎带。

8 用淡粉色缎带缠绕缎带装饰品的中间部位，收紧后，使淡粉色缎带两端重叠1~1.3cm，将剩余部分剪裁掉后，用胶粘贴固定两端。

9 在花帽橡皮筋花朵形状的帽扣上挤满胶，等5秒钟后，粘贴固定步骤8中的装饰品即可。另一个装饰品依照相同方法制作。

R
O

珠子缎带簪子

材料

王冠装饰品用缎带
- 驼色贡缎缎带（宽4cm）21cm1条
- 淡黄色贡缎缎带（宽1.5cm）21cm1条
- 紫色贡缎缎带（宽1.5cm）21cm1条

果实装饰品用缎带
- 淡黄色贡缎缎带（宽1.5cm）8cm4条
- 紫色贡缎缎带（宽1.5cm）8cm4条
- 簪子1个
- 黑色仿真珍珠（直径0.5cm）12~16颗
- 黑色塑料珠子（直径0.2cm）14~18颗

制作王冠装饰品

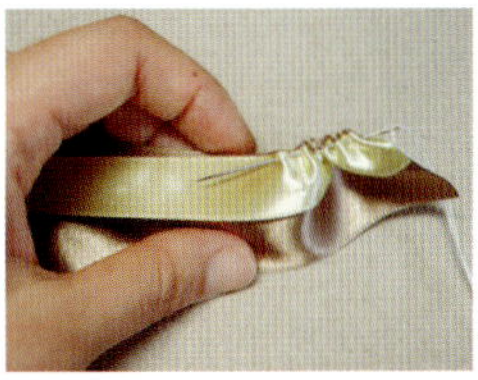

1 将淡黄色贡缎缎带重叠放在驼色贡缎缎带上面，以0.5cm为间距粗缝上端的一条边。

2 缝制完毕后，紧紧拉线收拢出褶皱后打结。

3 将紫色贡缎缎带重叠放在驼色贡缎缎带另一条边上，依照相同间距，粗缝重叠一条边后的缎带。

4 缝制完毕后，紧紧拉线收拢出褶皱后打结。

5 将拇指套入步骤4中的装饰品后，将其外观整理成均匀的圆形。

6 在王冠装饰缎带两端涂抹胶后粘贴固定。

7-1 同时按压装饰品上下两端，使其呈现出蚌壳形状。

7-2 将王冠装饰品套在簪子上，并拉升至簪子顶部。在簪子一周涂抹胶，粘贴固定王冠装饰品即可。

制作果实装饰品

8 各准备1条用于制作果实装饰品的淡黄色贡缎缎带和紫色贡缎缎带。将光滑的一面贴合对齐后，如图以卷针缝缝制一条边。

9 缝制完毕后，紧紧拉线收拢并打结，使其呈现出圆滚滚的外形后，翻转缎带，显露出光滑的一面。

10 将步骤9中的紫色贡缎缎带光滑的一面与另一条淡黄色贡缎缎带光滑的一面相重叠。

11 相重叠的一条边再次进行卷针缝，完毕后拉线收拢并打结。

12 依照相同方法缝上另一条紫色贡缎缎带。

13 将步骤12中贡缎缎带两端光滑的一面相重叠，以卷针缝收尾，再拉线收紧并打结。

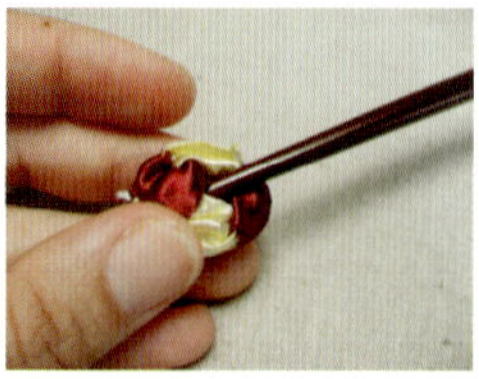

14 利用簪子末端，将装饰品光滑的一面向外翻转，将白色线头藏在内部。

15 依照相同方法再制作1个果实装饰品。

穿珠子

16 如图将穿有线的针穿过果实装饰品两端空隙。

17 再次从相反方向穿过装饰品后，交替穿入黑色仿真珍珠和黑色塑料珠子。

18 将准备好的黑色仿真珍珠和黑色塑料珠子穿入约一半后，将针穿过簪子顶部王冠上的环中。

19 依照步骤16、17，利用剩余的珠子，再制作一条长度相同的果实装饰品。

20 如图在果实装饰品和珠子之间穿入针线，打一次结。

21 再将针线穿入果实装饰，在其顶部打第二次结后，用剪刀剪掉线头。

小贴士

- 依照需要准备黑色仿真珍珠和黑色塑料珠子。因穿入珠子的数量不同，装饰品的长度也不同。

在广阔的草原上奔驰

普罗旺斯发卡

材料

- 普罗旺斯布料缎带（宽4cm）30cm2条
- 普罗旺斯布料缎带（宽4cm）25cm1条
- 普罗旺斯布料缎带（宽4cm）20cm1条
- 镍制发卡1个
- 黑色毛毡（3cm×4cm）1片
- 黏着式黑色带子35cm1条

制作缎带装饰品

1 将1条30cm长的普罗旺斯布料缎带对折，标记出中心线。由于布料里面有衬垫织物，布料较硬，不容易折叠，因此需要用力按压折叠。

2 以缎带中心线为基准，将两端向中间折叠后，两端各重叠1cm。

3 依照中心线粗缝。由于材质较硬，缝制时难度比较大，可用顶针协助将针线穿入布料进行缝制。

4 缝制完毕后，紧紧拉线收拢。用手捏紧中间部位，将线缠绕两三圈后打结，制成蝴蝶结。

5 剩余1条30cm、1条25cm长的布料缎带也依照相同方法制作成蝴蝶结。

6 在2个大蝴蝶结侧面中间部位涂抹胶后粘贴固定。

7 在步骤6中的装饰品中间部位涂抹胶，粘贴固定较小的1个蝴蝶结。

8 如图，折叠20cm长的布料缎带。

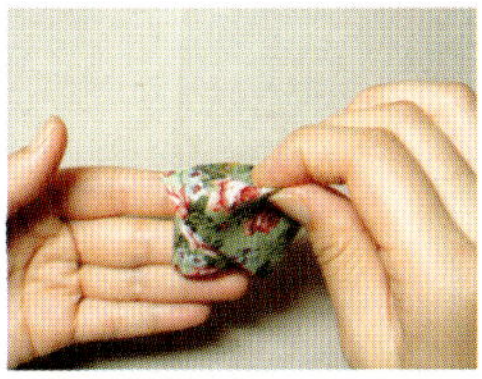

9 折叠后朝向上方的一端穿入孔洞中，拉伸两端，形成糖果形状。

10 旋转整理两端，理顺打结部位，使外形更显美观。

11 在步骤7中的装饰品中间部位涂抹胶后，缠绕步骤10中糖果形状的缎带。

12 在侧面和背面也涂抹胶，牢固粘贴糖果形状缎带。用剪刀剪裁掉粘贴后多余的缎带。

小贴士

- 请选购具有衬垫织物的、材质较硬的布料缎带。
- 使用家中现有布料时，可将衬垫织物放在布料中央，布料两边向中间对折，然后熨烫，这样能够使衬垫织物粘贴在布料上。

制作发卡

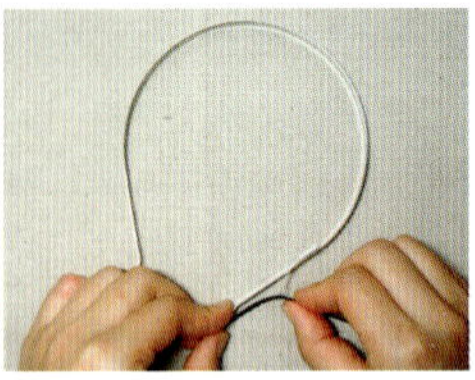

13-1 在镍制发卡表面粘贴黏着式黑色带子。

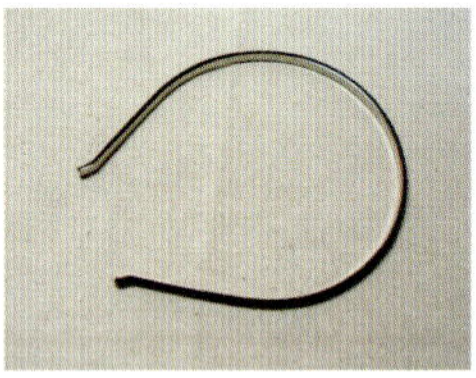

13-2 从一端开始，一边撕去隔离胶带，一边将黑色带子粘贴在发卡表面，粘贴时要防止脱线，粘贴至另一端即可。

14 剪裁出2片长3cm、宽2cm的黑色毛毡。

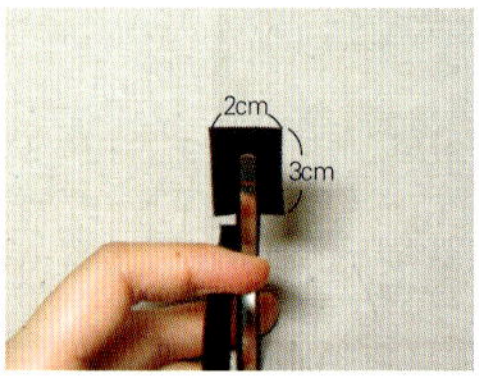

15 在毛毡中间部位涂抹少量胶，如图将发卡一端放在毛毡中间，粘贴固定。

16 在毛毡内侧涂抹胶，包裹住发卡末端，使金属末端不显露在外。依照相同方法粘贴发卡另一端。

17 使用打火机略微处理毛毡末端，使空隙部分黏合。

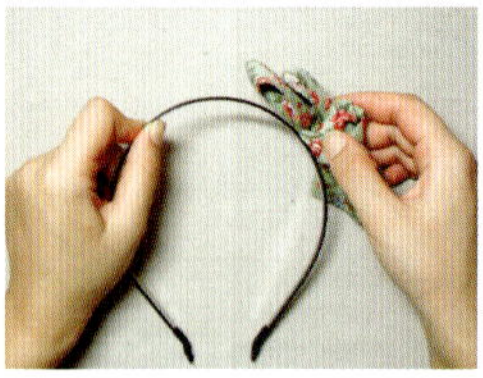

18 在发卡1/3处粘贴步骤12中的缎带装饰品。在装饰品背面涂抹胶，直接粘贴在发卡上即可。

19 在缎带装饰品与发卡自然贴合的个别部位涂抹胶，用手按压，能够粘贴得更加牢固。

玫瑰花发夹

材料

- 红色贡缎缎带（宽5cm）70cm1条
- 仿真珍珠（直径1cm）1颗
- 长棒镍制自动夹（长8cm）1个
- 黏着式黑色带子10cm1条
- 绿色收尾缎带15~17cm1条
- 毛毡（边长3cm）1片

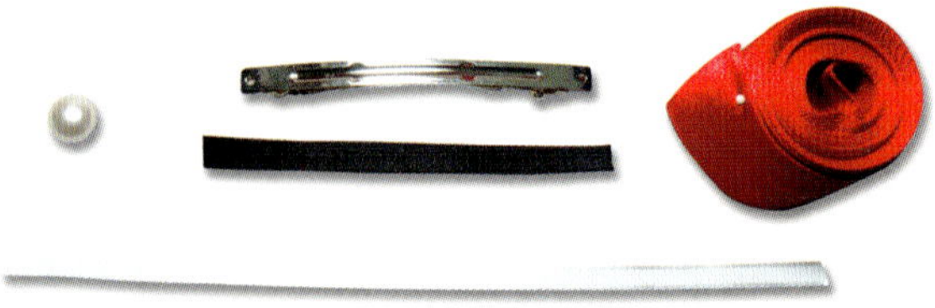

制作玫瑰花装饰品

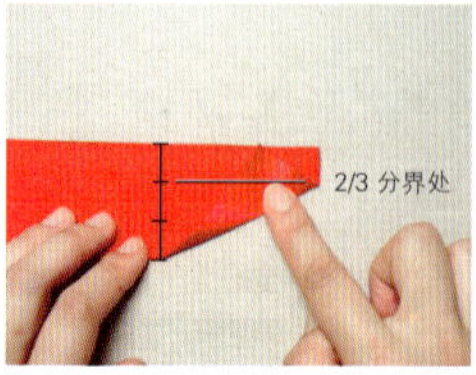

1 如图将红色贡缎缎带横向三等分。将一个角折叠至横向2/3分界处。

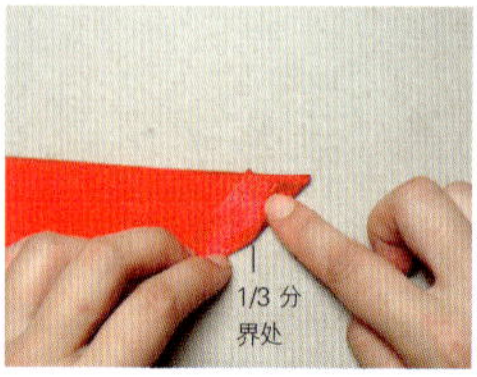

2 如图在1/3分界处再折叠一次。

3 将针线从缎带下面穿入，从上面拉出，将露出的部分向下折叠。然后将侧面折叠再缝一针。

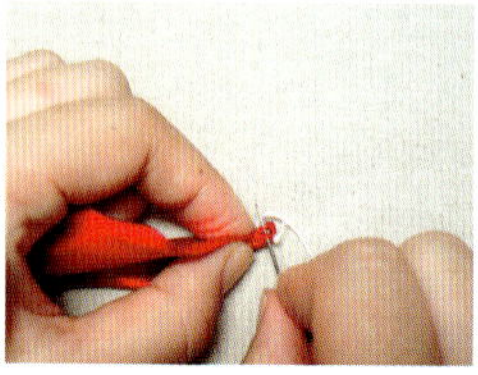

4 如图，整理步骤3中折叠的部位并打结，防止松散。这部分是玫瑰花的花朵。

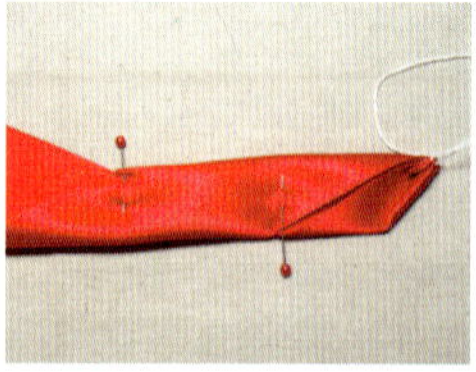

5 如图折叠缎带后，用大头针固定。依照相同的间距折叠缎带。

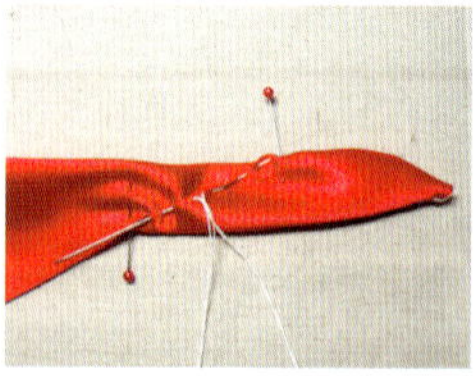

6 将缎带相重叠的部分一同粗缝。缝至整体长度的一半时，拉线收拢一次。

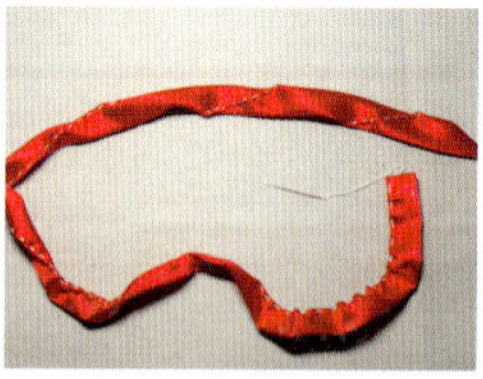

7 保持一定的间距，依照相同方法粗缝至末端后打结。

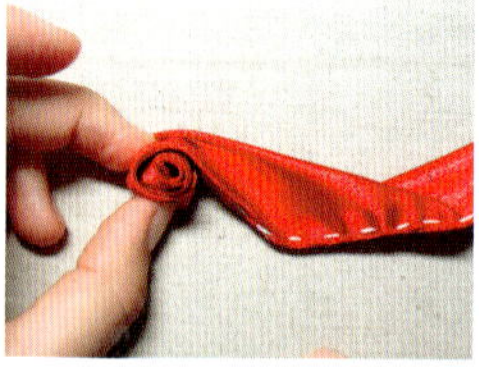

8-1 以最初开始缝制的部位为基准，卷起缎带。在间隙涂抹胶，粘贴固定。

8-2 一圈圈卷起缎带，将粗缝部位自然地卷向外侧。

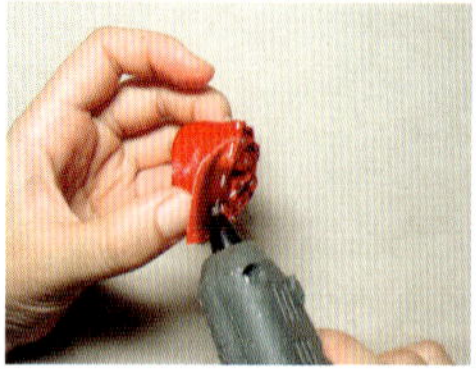

9 在距离末端1cm处，用胶粘贴固定，将多出的缎带折叠向底面，用胶粘贴固定。

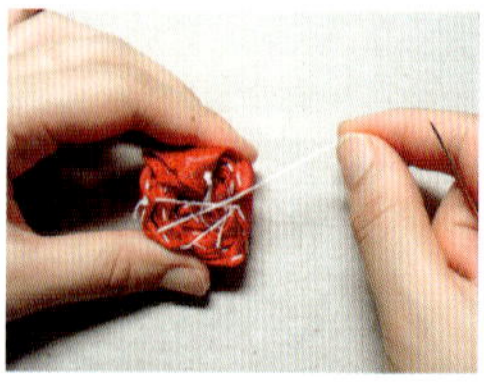

10 将针线穿入折叠向底面的缎带，依照“之”字形缝制，防止花朵松散。

11 将毛毡剪裁成直径3cm的圆形，在步骤10中的装饰品底面涂抹胶，粘贴固定在毛毡上。玫瑰花装饰品完成。

粘贴长棒镍制自动夹

12-1 撕掉黏着式黑色带子的隔离胶带后，将其粘贴在长棒镍制自动夹上。

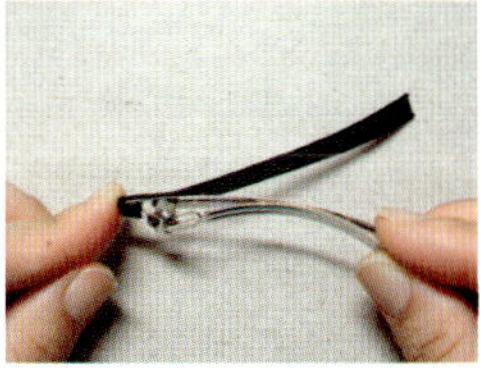

12-2 将带子一端多留出0.5cm折叠粘贴在自动夹上后，其余部分直接粘贴固定。另一端依照相同方法粘贴收尾即可。

13 在扣合装置的一端涂抹胶后，粘贴固定步骤11中的玫瑰花装饰品。

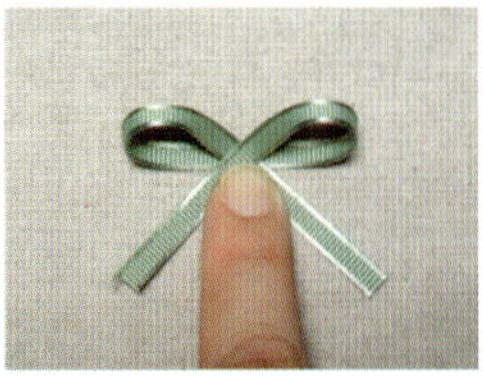

14 如图，将绿色收尾缎带折叠成蝴蝶结形状，用胶粘贴固定中间部位。

15 在缎带中间部位涂抹少量胶，粘贴固定仿真珍珠。

16 在玫瑰花装饰品下方粘贴固定步骤15中的蝴蝶结即可。

小贴士

- 在制作玫瑰花装饰品时，建议选用贡缎缎带，尤其是一面光滑的单面贡缎缎带。双面贡缎缎带厚实且较为粗糙，不易制作出令人心仪的外观。

梨核发带发卡

材料

- 淡粉色贡缎缎带（宽4cm）50cm1条
- 条状花纹贡缎缎带（宽2.5cm）50cm1条
- 丝绸包扣（直径5cm）1颗
- 蝴蝶刺绣徽章1个
- 双条发卡1个
- 黑色毛毡（10cm×6cm）1片
- 假发辫子1码
- 迷你玫瑰4朵

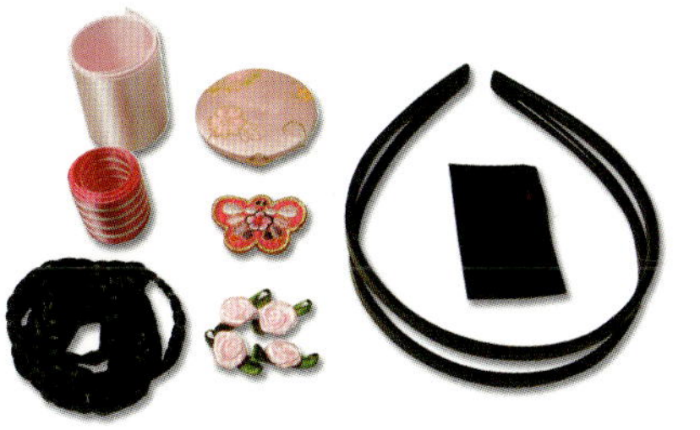

制作梨核发带装饰品

小贴士

- 发卡上和耳朵相贴合的部位，您是否包裹了毛毡呢？如果毛毡过长，不妨剪裁掉约0.5cm后，用打火机略微处理一下。

1 在丝绸包扣中间粘贴固定蝴蝶刺绣徽章。

2 粗缝淡粉色贡缎缎带一条边，紧紧拉线收拢并打结，用胶粘贴缎带两端，制作成甜甜圈形状。

3 依照相同方法处理条状花纹贡缎缎带。

4 在步骤3中条状花纹缎带中间一周涂抹胶，将丝绸包扣粘贴固定在上方。

5 在步骤2中缎带中间一周涂抹胶，粘贴固定步骤4中的装饰品。

6 翻转到背面，用手紧紧按压，使其粘贴得更加牢固。

7 在毛毡上画出直径5cm的圆后剪下。将毛毡用胶粘贴固定在步骤6中装饰品的背面。

在发卡上粘贴假发辫子

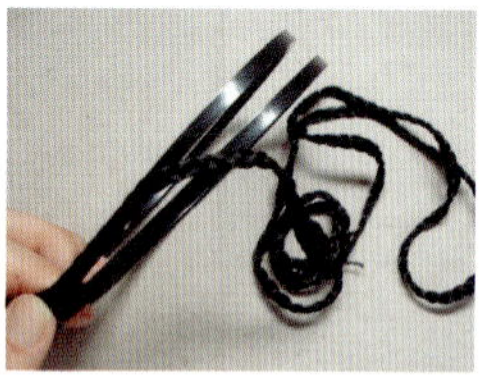

8 在双条发卡上粘贴固定假发辫子。将假发辫子整理成一条，一边涂抹胶，一边粘贴。

9 粘贴完发卡一条边后，在圆弧处自然扭转，继续粘贴另一条边。至末端时，涂抹胶并粘贴固定后，用剪刀剪裁即可。

10 使用打火机略微处理假发辫子末端，防止发辫松散。

发卡收尾

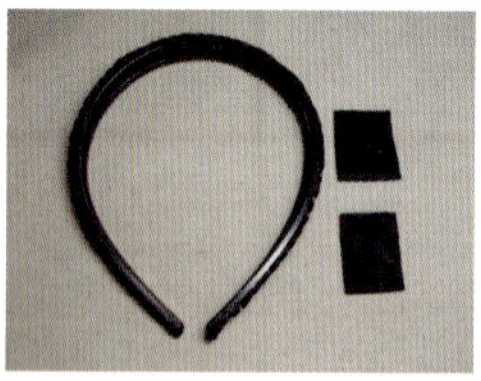

11 将步骤7中剩余的毛毡剪裁出2片长4cm、宽3cm的毛毡。

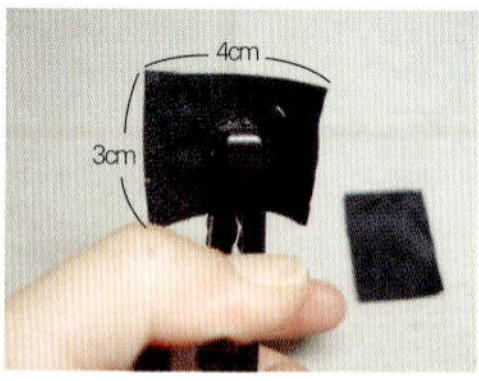

12 在毛毡中间涂抹胶后，粘贴在发卡两端。如图，将毛毡向外留出约1cm粘贴即可。

13 在毛毡内侧涂抹胶，包裹住发卡两端后粘贴固定，使其完全遮盖住发卡，然后用打火机略微处理毛毡末端。

14 在发卡正中间涂抹胶后，粘贴固定梨核发带装饰品。

15 粘贴好装饰品后，在发卡剩余部位涂抹少许胶，粘贴固定迷你玫瑰。

延伸款

发带缎带发圈

材料

- 红色贡缎缎带（宽7cm）45cm1条
- 条状花纹贡缎缎带（宽2.5cm）28cm1条
- 蝴蝶刺绣徽章1个
- 胸针式橡皮筋1根

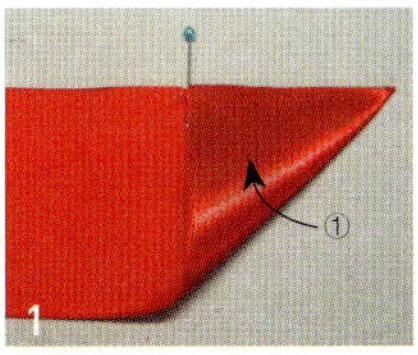

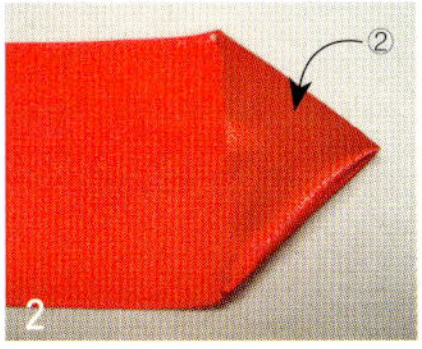

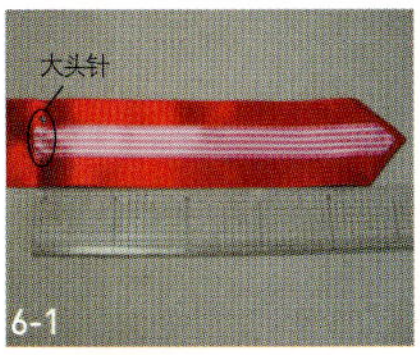

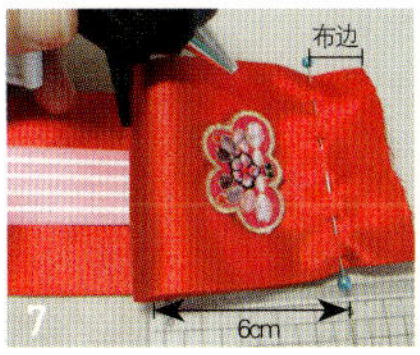

1 将红色贡缎缎带一端折叠成直角，用大头针固定。在固定有大头针的一边涂抹胶后，以90° 角向下折叠。
2 中间鼓起的部位用胶粘贴固定。
3 条状花纹贡缎缎带的一端仿照步骤 1 折叠成直角。
4 涂抹胶后，将折叠的部分以90° 角再次向下折叠。然后将鼓起的部位用胶粘贴固定。
5 翻转缎带，使折叠的部位朝下，将条状花纹缎带放在红色贡缎缎带上方。
6 在距离折叠端23cm处，用大头针固定，粗缝成沙漏形针脚。
7 如图折叠缎带另一端，遮盖住沙漏形针脚。在中间粘贴固定蝴蝶刺绣徽章。
8 缎带剩余的布边向内折叠，去除大头针后，在距离边缘0.5cm处粗缝。防止针脚显露在外侧。
9 缝制完毕后，如图两侧向内折叠后用大头针固定。然后用胶粘贴固定，防止其松散。
10 在胸针式橡皮筋中间挤入胶后，粘贴固定完成的发带缎带即可。

虎皮花纹发夹

材料

- 毛绒虎皮花纹布料缎带（宽4cm）18cm1条
- 毛绒虎皮花纹布料缎带（宽4cm）23cm1条
- 四角夹子式发夹（8cm）1个
- 仿古皮带扣1个

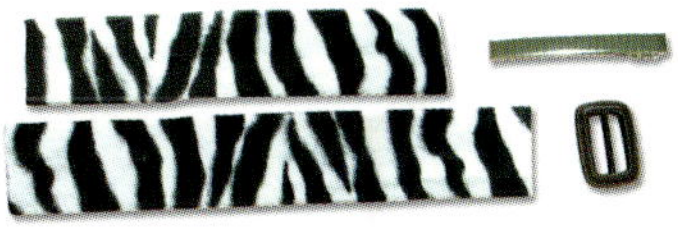

制作缎带装饰品

1 将18cm长的缎带穿入仿古皮带扣，使皮带扣位于缎带中间。

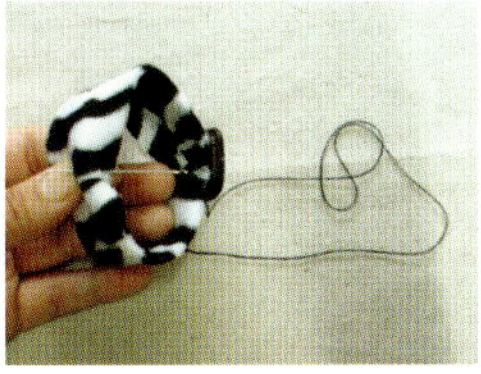

2 缎带两端各向内折叠并重合0.5cm后粗缝。拉线收拢出褶皱后打结。

3 将23cm长的缎带对折，标记出中心线，以中心线为基准，两端向中间折叠后重合0.5cm。

4 粗缝中间部位，拉线收拢出褶皱。无须用线缠绕中间部位，只需打结即可。

虎皮花纹发夹收尾

5 在步骤2中的缎带粗缝部位内侧涂抹胶，与皮带扣对齐后粘贴固定。

6 在步骤4中的缎带中间部位涂抹胶，将步骤5中的缎带粘贴在上方。

7 在四角夹子式发夹表面涂抹胶后，将步骤6中的缎带装饰品粘贴在上面即可。

小贴士

- 毛绒布料类似于人造毛，是一种能够给人带来温暖质感的纤维。分为有花纹和无花纹两种，可依据个人喜好选择。

为服饰增添亮色

花朵胸针

材料

- 围棋棋盘花纹提花缎带（宽2.5cm）1码
- 金色花蕊结10个
- 胸针兼用发夹1个
- 黑色毛毡（边长4cm）1片
- 纱网（边长10cm）1片

制作花瓣

1 如图，折叠围棋棋盘花纹提花缎带的左端。

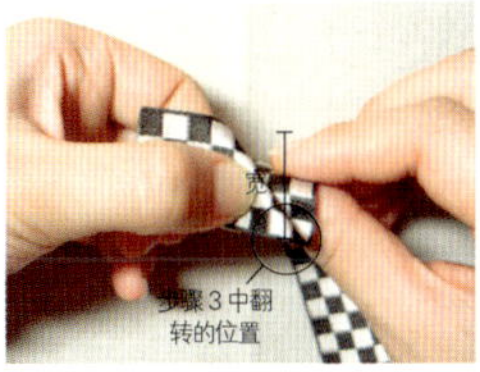

2 朝向下方的缎带，以步骤1中折叠的缎带宽度为基准，向后折叠。

3 用手抓住步骤2中标示的部位，如同向上展平一样折叠后翻转到背面。为防止其松散，用大头针固定。

4 如图，将缎带横向呈直角折叠。

5 将呈直角折叠的缎带向左侧折叠，用大头针固定。

6 再朝向下方呈直角折叠。

7 向上折叠后用大头针固定。

8 再次呈直角向左侧折叠。

9 重复上述步骤，反复折叠缎带。每当方向发生变化时，都用大头针固定。

10 当缎带折叠完毕后，如图，呈“匚”形缝制。

11 缝制结束后，去掉大头针，缓缓拉线收紧，使其出现褶皱。

12 一边收紧出褶皱，一边缝制，如图，渐渐出现花瓣衔接的形状，然后打结即可。

制作花蕊

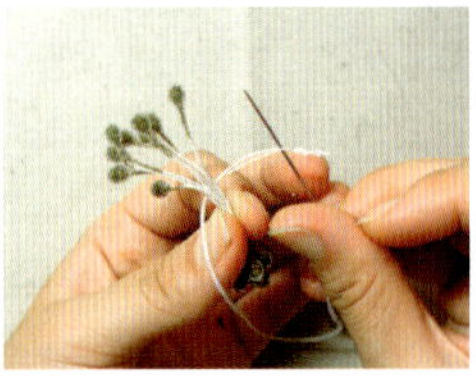

13 将金色花蕊结整齐地聚拢在一起，用线在花蕊结中间部位缠绕一周，将针穿入线中间。

14 收紧线，使花蕊紧紧聚拢在一起。如图，将花蕊结剪半，使花蕊显得更加旺盛。

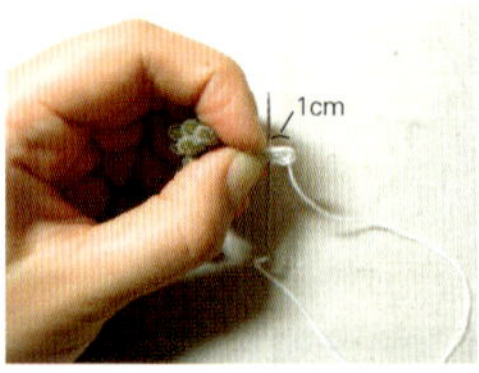

15 如图，在距离花蕊结根部1cm处插入针。

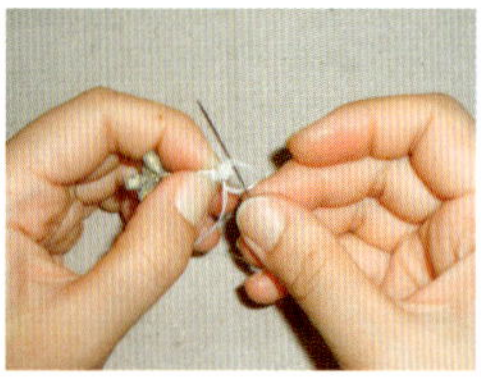

16 用线缠绕花蕊结两周后打结。

制作花朵

17 在花瓣一端粘贴花蕊，缓缓卷起花瓣。

18 卷起花瓣后，将另一端朝向底部折叠并粘贴固定。

19 如图，将纱网呈菱形放置，折叠起约1/3的纱网。

20 用手从中心部位向右整理出褶皱，使其呈现“V”形。

21 为防止褶皱松散，缝制两针后打结。

22 将完成的纱网粘贴在步骤18中的花朵背面。剪裁出大小合适的毛毡，粘贴固定在花朵背面，使其显得更为整洁。

23 在胸针兼用发夹上粘贴制作完成的花朵装饰品即可。

小贴士

- 步骤19~21可以省略。不装饰纱网，可以制作出简洁大方的基本胸花。

像红头发的安一样

自然清新缎带帽

材料

- 草莓花纹布料缎带（宽2.5cm）7.5cm1条
- 草莓花纹布料缎带（宽2.5cm）17cm1条
- 草莓花纹布料缎带（宽2.5cm）21cm1条
- 草莓花纹布料缎带（宽2.5cm）60~70cm1条
- 棉蕾丝（宽2.5cm）17cm1条
- 棉蕾丝（宽2.5cm）21cm1条
- 棉蕾丝（宽2.5cm）50cm1条
- 麦秸草帽1顶

制作缎带装饰品

1-1 在21cm长的棉蕾丝上方放置相同长度的布料缎带，用胶粘贴固定。

1-2 为避免粘贴不平整，可以先粘贴固定两端，再缓缓粘贴中间部位。

2 将缎带对折，标记出中心线，以中心线为基准，将两端向中间折叠后重叠约1cm，用胶粘贴固定。

3 将17cm长的布料缎带和棉蕾丝依照步骤1、2的方法，制作出较小的缎带装饰品。

4 在大缎带装饰品中间涂抹胶，将小缎带装饰品粘贴固定在上方。

5-1 用7.5cm长的布料缎带包裹步骤4中缎带装饰品的中间部位后粘贴固定。

5-2 首先粘贴固定正面，再翻转缎带装饰品，粘贴固定背面。包裹的缎带无须重叠布边正好衔接即可，用剪刀剪裁掉多余部分。

在草帽上缠绕蕾丝

⑥ 将60~70cm长的布料缎带两端剪裁出“V”形备用。

⑦ 用打火机略微处理步骤6中缎带的两端，防止脱线。

⑧ 用50cm长的棉蕾丝先缠绕草帽一周，比对后剪裁掉多余部分。

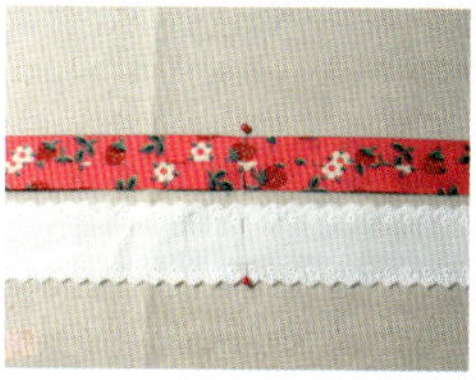

⑨ 将步骤7中的布料缎带和步骤8中的棉蕾丝对折，标记出中心线后，用大头针固定。

⑩ 在缎带中间部位涂抹少许胶，重叠粘贴在棉蕾丝上方。

⑪ 将缎带粘贴固定在棉蕾丝的正中间。

12-1 在除中间部位的其他部位也涂抹胶，并粘贴固定。注意保持粘贴的平展整齐。

12-2 粘贴固定完毕后，取下固定在中间的大头针。

⑬ 将完成的蕾丝围绕草帽一周，用胶粘贴固定。

⑭ 蕾丝两端呈自然的“X”形交叉重叠。

⑮ 在步骤14中蕾丝的交叉重叠处涂抹胶，粘贴固定制作好的缎带装饰品。

拒绝平淡！

凡尔赛皮鞋装饰

材料

- 金色藤蔓花纹提花缎带（宽4cm）70cm2条
- 皮鞋装饰用夹子2对
- 白色毛毡（10cm×5cm）1片
- 皮鞋1双

制作玫瑰花装饰品

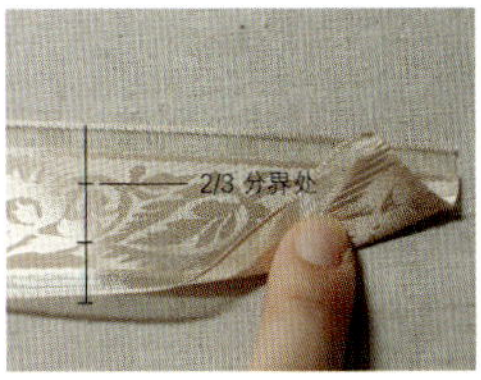

1 将提花缎带右端的宽度三等分后进行标示。如图折叠起一角至2/3分界处，折叠成三角形。

2 如图在1/3分界处再次折叠，然后卷成圆筒状。一直卷至折叠成三角形的部位，缝制一针后打结。

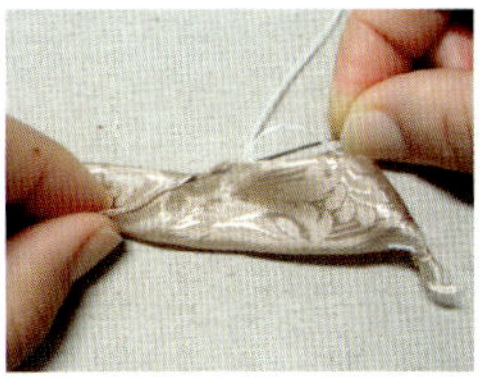

3 如图，将剩余的缎带扭转折叠，边与边交界处粗缝。缝制过程中使缎带呈现扁平斜线形状。

4 当缝制到缎带长度的一半时，拉线收拢一次。在收拢后的状态下缝制剩余部分。

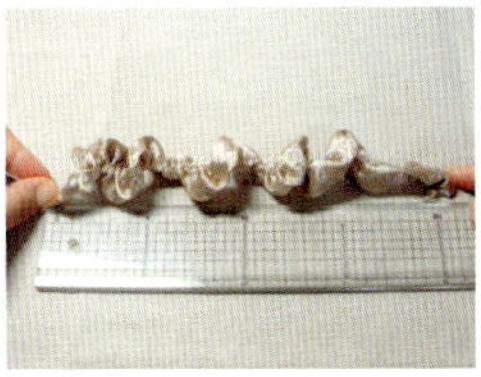

5 全部缝制完毕后，用尺子测量缎带长度，整体长度约21cm即可。整理褶皱，使其均衡。

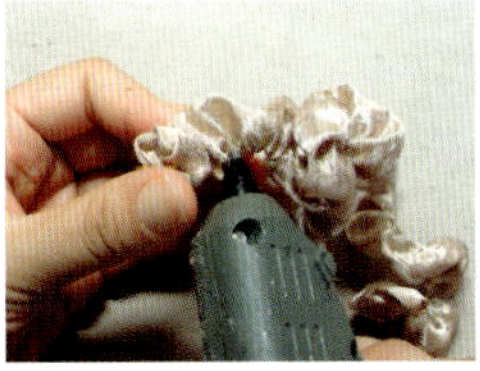

6 在步骤2中卷起的部位涂抹胶后，缓缓卷起缎带，使其呈现玫瑰花形状。

7 在卷成花朵形状的过程中，遇到针脚时，自然折叠起来。只有这样，才能使花朵呈现出一瓣接一瓣叠合起来的效果。

8 在缎带末端涂抹胶后，将其折叠粘贴固定在下方。依照相同方法再制作一个玫瑰花装饰品。

制作皮鞋装饰用夹子

9 在毛毡上画出2个直径4~5cm的圆形并剪下。在放置皮鞋装饰用夹子的部位做出标示，用针穿孔后安装上夹子和扣合装置。

10 在步骤8中的玫瑰花装饰品背面涂抹胶后，粘贴固定步骤9中的毛毡，要避开装饰用夹子粘贴固定。依照相同方法再制作一个装饰品。

小贴士

- 选用具有纱网质感的提花缎带或玻璃纱缎带，有助于制造出轻盈飘逸、茂盛的玫瑰花形态。
- 步骤5中缎带的长度在20~24cm之间较为合适。缎带越长，制作成的花朵会随之增大，需要格外留意。

安坐在铺满落叶的小路上

浪漫小猫发夹

材料

- 格子花纹棉布料（19cm×24cm）2片
- 压缩棉（7cm×11cm）2片
- 金色覆膜辫绳1码
- 金色猫咪饰品2个
- 夹子式发夹（长6cm）1个
- 夹子式发夹（长8cm）1个

塑形

1 展平1片格子花纹棉布料，将1片压缩棉放在中间部位。

2 如图折叠布料上下两边，包裹住压缩棉。

3 将布料左右两端折叠至中间，布边稍有重叠。

4 粗缝重叠部位，拉线收紧后打结。

装饰

5 用金色覆膜辫绳在步骤4中布料中间收紧部位缠绕两圈进行装饰后，用胶粘贴固定。

6 在夹子式发夹上涂抹胶，粘贴固定步骤5中的装饰品。

7 在布料表面粘贴固定金色猫咪饰品即可。依照相同方法再制作一个发夹。

小贴士

- 选择厚度约2cm的压缩棉最为合适。可依据个人喜爱的色彩和花纹准备棉布料。

CAODONG DESIGN
PRESENTATIONS - LIGHTINGS
CAODONG DESIGN

似曾相识却不尽相似

双层发卡

材料

- 镍制发卡（宽0.5cm）2个
- 金箔螺钿纽扣2颗
- 驼色收尾缎带1码
- 淡粉色收尾缎带1码

儿童发卡用缎带

- 蓝色织造布料缎带（宽4cm）30cm1条
- 蓝色织造布料缎带（宽4cm）40cm1条

妈妈发卡用缎带

- 驼色织造布料缎带（宽4cm）23cm1条
- 驼色织造布料缎带（宽4cm）30cm1条

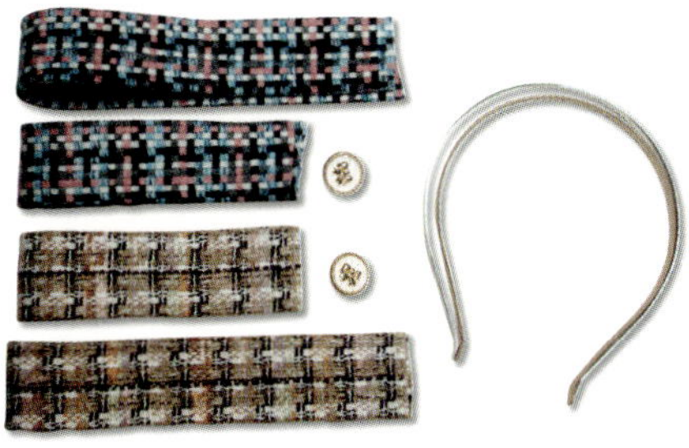

用缎带包裹发卡

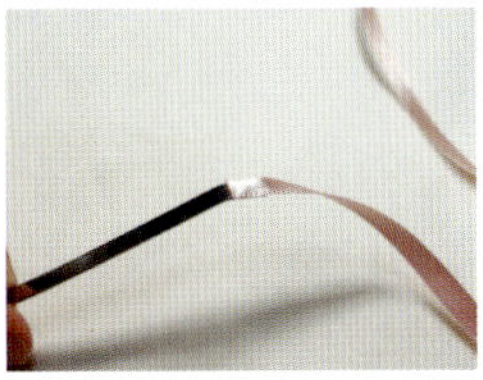

1 在镍制发卡一端的内侧涂抹胶后，将淡粉色收尾缎带的一端粘贴在发卡上。

2 将缎带扭转至发卡外侧，如图，均匀涂抹胶后，用缎带缠绕发卡，以避免发卡外露。

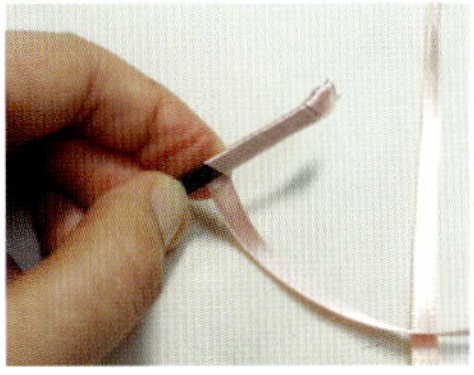

3 使缎带保持斜线方向进行缠绕，一边涂抹胶，一边牢固地粘贴固定。

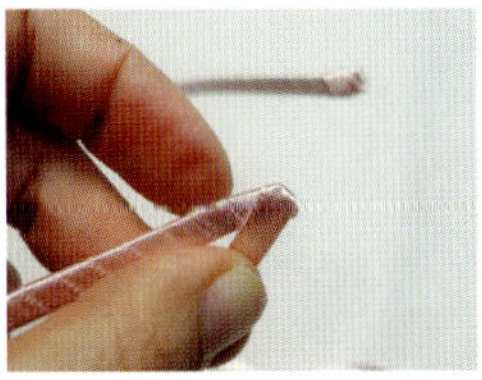

4-1 缠绕完毕后，如图将缎带末端朝下方扭转。

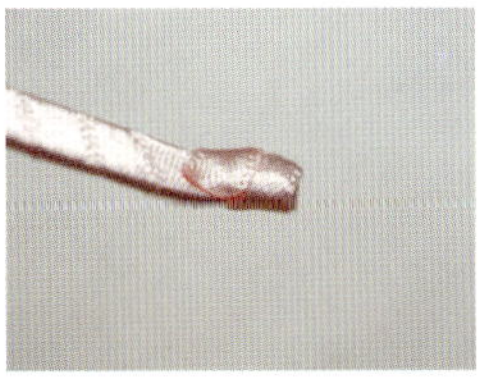

4-2 朝下方扭转的缎带再缠绕两三周，使缎带的末端缠绕至发卡的内侧后，用胶粘贴固定。

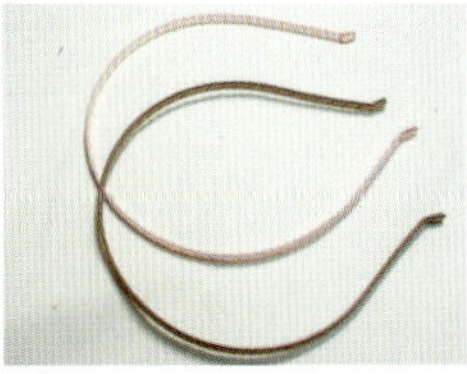

5 依照相同方法用驼色收尾缎带包裹另一个镍制发卡。

小贴士

- 儿童用发卡的缎带装饰品更大、更华丽，因此所需的缎带更长。而妈妈们更钟情于简洁大方，因此她们用的装饰品可制作成较小的尺寸。
- 由于织造布料缎带较厚，因此折叠时无须留重叠布边，只要正好衔接即可。

制作缎带装饰品

6 将2条蓝色织造布料缎带对折，标记出中心线。

7 以中心线为基准，将缎带两端向中间对折后，用胶粘贴固定。

8 将2条缎带的中心对齐后重叠放置，使缎带中间的对折线朝向下方，然后用胶粘贴固定。在中心位置用胶粘贴金箔螺钿纽扣收尾。

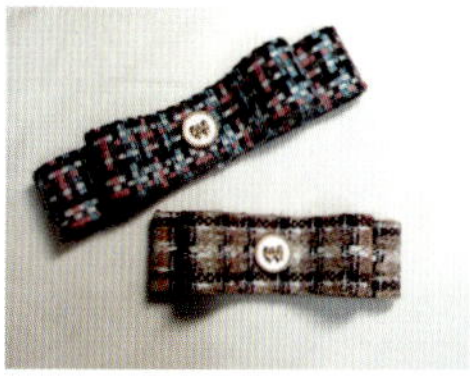

9 依照相同方法制作妈妈用缎带装饰品。

10-1 在包裹淡粉色收尾缎带的发卡上粘贴儿童用缎带装饰品。在发卡1/3处粘贴最为适当。

10-2 在包裹驼色收尾缎带的发卡上粘贴妈妈用缎带装饰品即可。

延伸款

基本夹子式发夹

材料

- 驼色织造布料缎带（宽4cm）40cm1条
- 夹子式发夹（长6cm）1个
- 黄褐色胸花1个

1 将驼色织造布料缎带摆放成衬衫衣领形状。
2 标示出中心线后涂抹胶。先折叠一条边至中心部位后粘贴固定。
3 另一条边也依照相同角度折叠至中心部位后粘贴固定。
4 缎带呈现出蝴蝶结形状后，在中间部位涂抹胶，粘贴固定黄褐色胸花。
5 将步骤4中的缎带装饰品翻转到背面，在背面中间部位粘贴夹子式发夹（也可以使用其他种类的发夹）。

小贴士

- 基本夹子式发夹也可以作为胸针或项链坠饰使用。打开发夹，佩戴在恰当的位置即可。

绒球发圈

材料
- 驼色丝绒布料（边长8cm）1片
- 灰色丝绒布料（边长8cm）1片
- 小熊木制纽扣2颗
- 胸针式橡皮筋2根
- 塑料圆形板（直径5cm）2个
- 绒面粘贴罩（直径5cm）2个

用丝绒布料包裹圆形板

1 在驼色丝绒布料背面中间部位涂抹一层胶，然后覆盖在塑料圆形板上。在胶冷却前，用手紧紧按压，尽可能使胶变得平整。

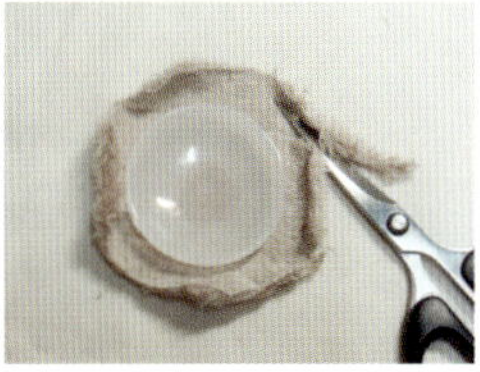

2 留出约1.5cm的布边后剪裁布料。

3 在圆形板内侧周边涂抹胶，将布边向圆形板内侧折叠，牢固粘贴布料，防止其脱落。

4 灰色丝绒布料也依照相同方法粘贴。

绒球发圈收尾

5 撕掉绒面粘贴罩上的隔离胶带后，将其粘贴在塑料圆形板的内侧。

6 将步骤5中的装饰品翻转到正面，在中间部位涂抹胶后，粘贴固定小熊木制纽扣。

7 在胸针式橡皮筋的内侧充分涂抹胶后，粘贴固定步骤6中的装饰品，使其紧紧粘贴在绒面粘贴罩上即可。

小贴士
- 将丝绒布料粘贴在塑料圆形板上时，为防止出现凹凸不平的胶的痕迹，应在胶凝固之前，用手紧紧按压。

适合飘雪的冬日

暖融融缎带发夹

材料

- 黄色毛织布料（28cm×8cm）1片
- 卡其色毛织布料（28cm×8cm）1片
- 黄色毛织布料（4cm×8cm）1片
- 卡其色毛织布料（4cm×8cm）1片
- 金色花纹仿古纽扣2颗
- 夹子式发夹（长8cm）2个

塑形

1 将黄色毛织布料（28cm×8cm）横向对折成一个长条，在一端画出弧线，依照弧线剪裁。另一端依照相同方法剪裁。

2 展平布料，再将剪裁成弧形的两端重叠在一起。

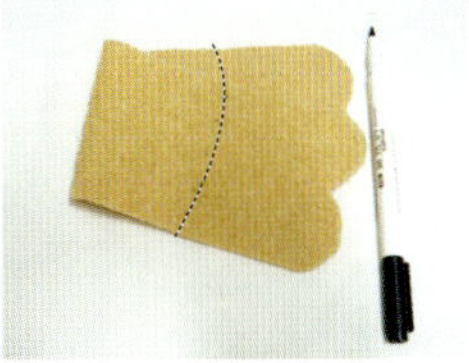

3 用油性笔在布料中心位置做出标示，如图将上面的布料斜向下拉。在下面的布料上也标示出中心线。

4 粗缝标示出中心线的部位，自然地拉线收拢出褶皱。

装饰

5 将黄色毛织布料（4cm×8cm）如图折叠出呈长“m”形的褶皱。

6 用步骤5中折叠出褶皱的布料缠绕步骤4中装饰品的中间部位，用胶粘贴固定。

7 将金色花纹仿古纽扣粘贴在装饰品的适当位置。

8 将夹子式发夹粘贴固定在步骤7中装饰品的背面即可。依照相同方法，使用卡其色毛织布料再制作1个发夹。

TIARA

小猫咪发卡

材料

- 猫咪图样1个
- 黑色毛毡（15cm×12cm）2片
- 淡紫色毛毡（15cm×12cm）1片
- 深紫色毛毡（15cm×12cm）1片
- 紫色绒布缎带（宽0.6cm）3码
- 仿真半球珍珠（直径1cm）2颗
- 镍制发卡2个
- 人造宝石链条15cm

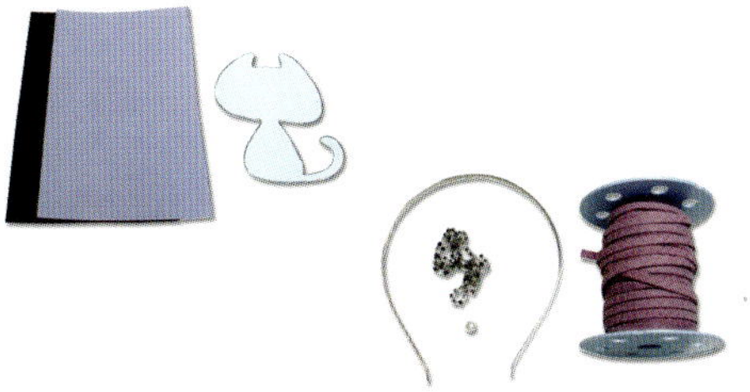

制作猫咪装饰品

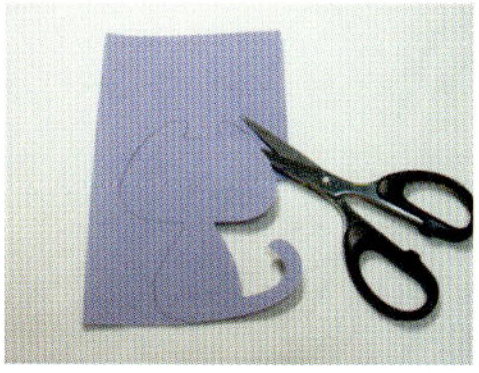

1 将猫咪图样放在淡紫色毛毡上，依照图样画图并剪裁。

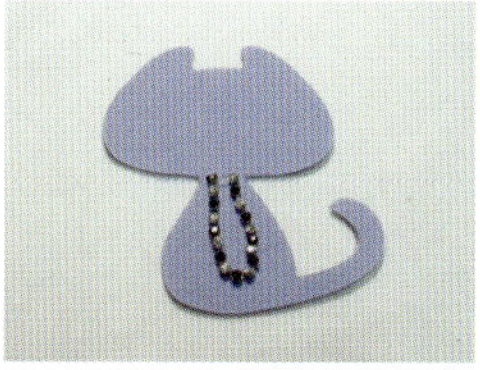

2 将人造宝石链条剪成适当长度后，如同项链一样，摆放在猫咪脖子上，用胶粘贴固定。

3 如图，将绒布缎带折叠成蝴蝶结形状后用胶固定，并在中间位置粘贴仿真半球珍珠。然后粘贴装饰在猫咪脖子上。

4 将步骤3中的猫咪粘贴固定在黑色毛毡上，留出约0.2cm的边缘后，如图进行剪裁，即可完成猫咪装饰品。

装饰发卡

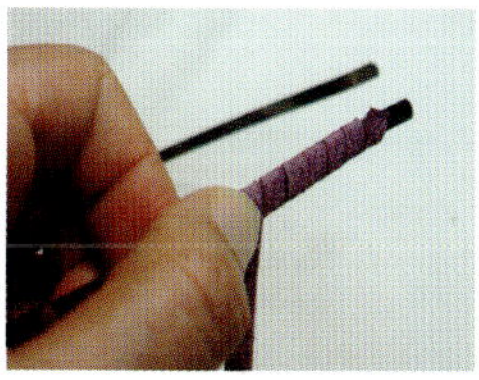

5 用绒布缎带保持斜线形态缠绕镍制发卡。

6 将依照图样剪裁后剩余的黑色毛毡剪成两块，分别包裹住发卡的两端。

7 在发卡1/3处涂抹胶后，粘贴步骤4中的猫咪装饰品。将剩余的毛毡边角料粘贴在发卡内侧，加固装饰品。

小贴士

- 依照相同方法使用深紫色毛毡再制作一个发卡。这样就可以制作出妈妈和女儿一同佩戴的亲子发卡了。

当与布料相遇，当与毛毡相逢，使用珠串或花边装点时，搭配钥匙链或手机链时……令人爱不释手，如同自己的化身一般的缎带创意用品便呼之欲出了。

Chapter 2

创意用品

无比可爱的

小熊圆珠笔

材料

- 圆珠笔1支
- 小熊玩偶（长6cm）1个
- 仿真半球珍珠（直径1cm）4颗
- 迷你玫瑰2朵
- 褐色格子棉缎带（宽2.5cm）40cm 1条
- 褐色格子棉缎带（宽1.5cm）10cm 1条
- 杏色贡缎缎带（宽2.5cm）40cm1条
- 杏粉色跳线缎带（宽1cm）2码
- 淡粉色收尾缎带约10cm

缠绕圆珠笔

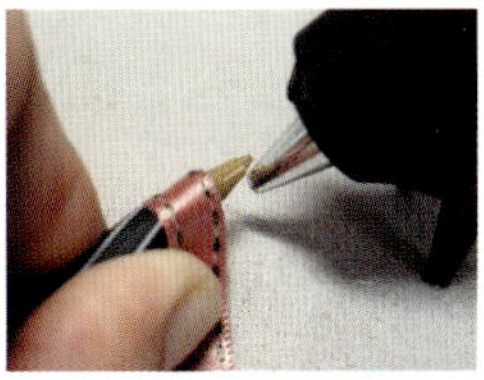

1. 在圆珠笔芯上方略微涂抹胶后，粘贴杏粉色跳线缎带。
2. 将杏粉色跳线缎带拉直，平贴缠绕在圆珠笔外围，随时在缝隙间均匀涂抹胶进行粘贴。
3. 在圆珠笔上端存在空隙的部位涂抹胶，粘贴缎带，避免圆珠笔杆外露。剪裁掉剩余缎带即可。

制作玩偶裙子

4. 将2.5cm宽褐色格子棉缎带的上方一条边，以0.5cm为间距粗缝。一边缝制一边轻微拉线收紧，有助于形成均匀的褶皱。
5. 将步骤4中的缎带围绕在小熊玩偶的腰部，比对长度后打结收尾即可。
6. 杏色贡缎缎带依照步骤4、5的方法粗缝。

小贴士

- 根据粗缝的情况，缎带会有剩余或不足，在制作过程中应随时测量长度。
- 粘贴在小熊裙子上的缎带蝴蝶结适宜选择宽0.5cm或1cm的缎带制作。

为玩偶着装

7 在小熊玩偶胸部涂抹胶后，将收尾缎带围绕脖子一周并粘贴固定。

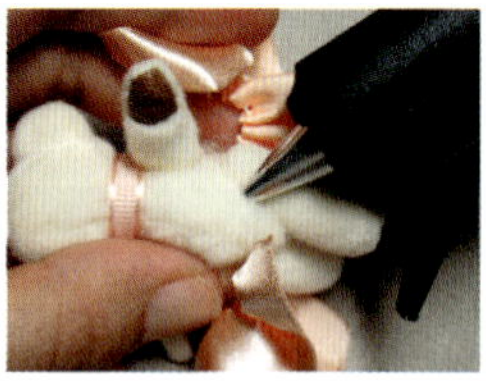

8 在玩偶胸部收尾缎带中心位置涂抹胶后，粘贴杏色缎带裙子。为牢固粘贴裙子，应在腰部一周均匀涂抹胶。

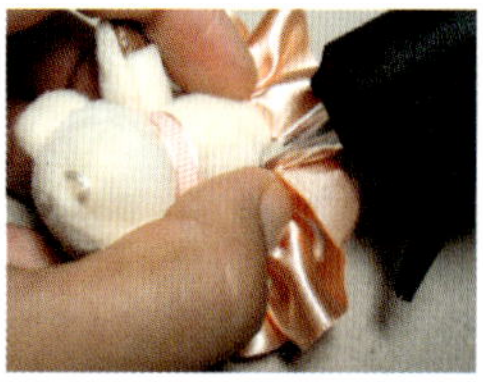

9 裙子两端重叠粘贴固定。这样就完成了缎带裙子的制作。

10 在杏色缎带裙子略微靠上的位置，环绕粘贴步骤5中的格子棉缎带。

11 在玩偶胸部涂抹胶后，粘贴1朵迷你玫瑰。

制作玩偶帽子

12 将1.5cm宽的褐色格子棉缎带的上方一条边以0.5cm为间距粗缝，拉线收拢出褶皱后打结。

13 缎带两端涂抹胶后重叠粘贴固定，在中间部位粘贴1朵迷你玫瑰即可完成玩偶帽子的制作。

14 在小熊玩偶的头部涂抹胶后，粘贴步骤13中的玩偶帽子。

制作粘贴在裙子上的缎带蝴蝶结

15 准备90cm长杏粉色跳线缎带。如图折叠缎带。

16 成斜线状，再次折叠出蝴蝶结后，使2个蝴蝶结交叉重叠，并保持两端缎带长度一致，最后剪裁掉多余缎带。

17 为防止缎带松散，粗缝缎带中间部位，并用线缠绕后打结。用收尾缎带缠绕并遮盖住针脚后，用胶粘贴收尾缎带。

18 在小熊裙子背面涂抹胶后，粘贴步骤17中的缎带蝴蝶结。将缎带两端剪成“V”形，用打火机略微处理，防止脱线。

小熊圆珠笔收尾

19 在小熊玩偶两腿之间涂抹胶，粘贴双腿。

20 在双腿后侧再涂抹一遍胶，粘贴固定在圆珠笔的上端。

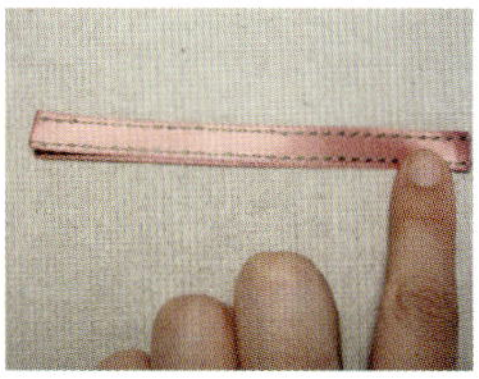

21 剪裁出20cm长的跳线缎带后对折。

22 如图，将步骤21中的缎带折叠成蝴蝶结形状。粗缝中间部位，缠绕线后打结。

23 在缎带中间部位涂抹胶，粘贴1颗仿真半球珍珠。依照相同方法再制作3个蝴蝶结。

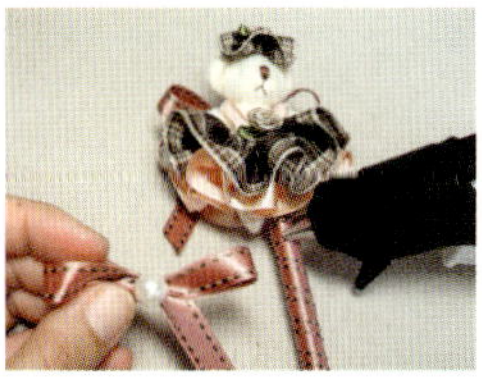

24 在小熊玩偶下方的前、后各粘贴1个步骤23中的蝴蝶结。左右两侧空隙处也各粘贴1个蝴蝶结即可。

25 将缎带两端剪成斜线状，用打火机略微处理，防止脱线。

My name is friend 1!
My name is friend 2!
What's you'r name?
A-ha ! you'r name is friend 231 !
NEAR NATURE NEAR FRIENDS +

康乃馨圆珠笔

制作康乃馨和缎带蝴蝶结

材料

- 红色罗纹缎带（宽2.5cm）1.5码
- 草绿色贡缎缎带（宽1.5cm）30cm2条
- 草绿色跳线缎带（宽1cm）30cm2条
- 草绿色跳线缎带（宽1cm）50cm1条
- 仿真半球珍珠（直径1cm）4颗
- 圆珠笔1支

1 以0.5cm为间距粗缝红色罗纹缎带一条边，拉线收拢出褶皱后打结。

2 用手整理并抓紧翻卷的部分，令缝制的褶皱部分显露在外。将缎带理顺成整齐的一条后，在褶皱部位均匀涂抹胶。

3 将步骤2中的缎带一圈圈卷起，在中间部位涂抹胶后粘贴固定。外围花瓣向上提升约0.2cm，能够使花朵更显旺盛。

4 分别将4条30cm长的草绿色缎带折叠成蝴蝶结形状。粗缝中间部位后，用线紧紧缠绕一周后打结。

5 将缎带两端剪裁出“V”形，在中间部位涂抹胶，粘贴固定仿真半球珍珠。同法共制作4个草绿色缎带蝴蝶结。

小贴士

- 依据个人喜好挑选制作康乃馨的缎带的颜色。用粉色缎带代替红色缎带，同样能够制作出美丽的花朵。
- 将制作蝴蝶结的缎带末端对折并剪裁，在展平前用打火机略微处理，能够防止其脱线。

缠绕圆珠笔

6 如图，用50cm长草绿色跳线缎带缠绕圆珠笔杆（参考P65）。缎带缝隙之间略微涂抹胶，粘贴后收尾即可。

康乃馨圆珠笔收尾

7 在制作好的康乃馨花朵底部充分涂抹胶后，放在步骤6中的圆珠笔顶端。将圆珠笔倒置摆放，直至胶凝固。

8 在康乃馨花朵下方圆珠笔前、后涂抹胶，粘贴2个缎带蝴蝶结。两侧也依照相同方法粘贴缎带蝴蝶结即可。

无比新奇的点子！

点状花纹铅笔筒

材料

- 铅笔筒1个
- 褐黄色点状花纹罗纹缎带（宽4cm）60cm1条
- 褐黄色格子棉缎带（宽2.5cm）10~12码
- 草绿色仿真珍珠（直径0.5cm）40~60颗
- 杏色仿真珍珠（直径0.5cm）70~80颗

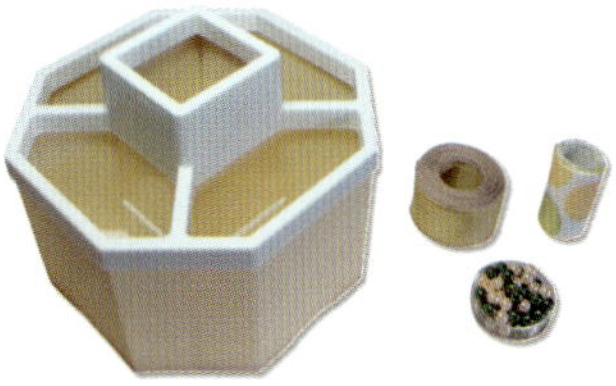

粘贴点状花纹缎带

1 从铅笔筒一个面开始涂抹胶，粘贴褐黄色点状花纹罗纹缎带，剩余各面也均匀涂抹胶后，粘贴固定缎带。

2 将侧面粘贴完毕后，留下1cm的缎带边，剪裁掉剩余缎带。在缎带边上也涂抹胶后粘贴固定。

粘贴花边装饰品

3 以0.5cm为间距粗缝褐黄色格子棉缎带一条边，并拉线收拢出褶皱，制作花边装饰品。

4 在铅笔筒外围靠近下端的位置，围绕花边装饰品，比对长度。首先在外围一两个面上涂抹胶，粘贴花边装饰品，然后一边粗缝缎带，拉线收拢出褶皱，一边粘贴花边装饰品。

5 粘贴最后一个面的花边装饰品时，先比对长度，剪裁掉多余缎带后打结。在最后一个面上涂抹胶，粘贴花边装饰品即可。

制作珍珠缎带装饰品

6 将格子棉缎带上方的一条边以0.5cm为间距粗缝两三针后，穿入仿真珍珠粗缝，然后再穿入另一种颜色的仿真珍珠粗缝。轻微拉线收拢出褶皱。

7 在步骤5中花边装饰品的上方围绕步骤6中的珍珠缎带装饰品，大致比对长度后打结收尾。

8 在点状花纹罗纹缎带和花边装饰品之间涂抹胶后，粘贴珍珠缎带装饰品。

铅笔筒收尾

9 依照步骤6的方法，再制作一条珍珠缎带装饰品。大致比对铅笔筒内部周长后，将另一条边也依照步骤6的方法穿入仿真珍珠粗缝。

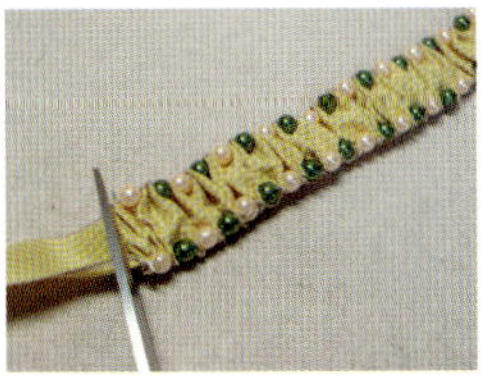

10 两条边都拉线收拢出褶皱后打结。

11 将铅笔筒内部的四周都涂抹胶后，粘贴固定步骤10中的珍珠缎带装饰品即可。

小贴士

- 请准备充足的格子棉缎带。预先剪裁，可能会造成长度不足，因此在制作完成后再剪裁为佳。
- 根据铅笔筒周长和粗缝间距的不同，所需仿真珍珠的数量也有所不同，因此请准备充足的仿真珍珠。

MODERN COMMUNICATION
EFFECTIVENESS

休闲文具盒

材料

- 布料胶带1卷
- 文具盒1个
- 斜纹蓝色缎带1码
- 圆形纽扣（直径1.2cm）1颗
- 小熊木制纽扣3颗

粘贴文具盒

1 用布料胶带细致粘贴文具盒盒盖，并依照相同方法粘贴文具盒侧面。

2 在文具盒盒盖连接部位，用拇指将胶带按压至内侧。

小贴士

- 请使用黏着性较好的布料胶带。

3-1 文具盒的开关部位也要格外留意，细致地粘贴布料胶带，防止脱落。

3-2 将胶带粘贴在开关部位后，将剩余胶带包裹在开关内侧粘贴固定。

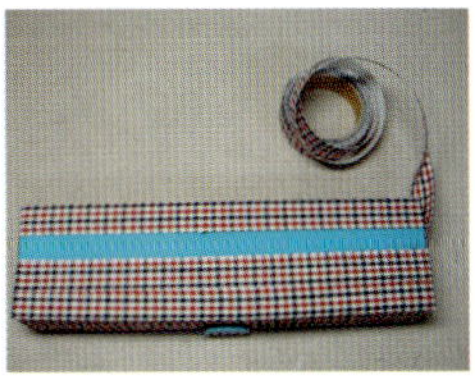

4 文具盒底部也用布料胶带仔细粘贴固定。

制作盒盖上的缎带蝴蝶结

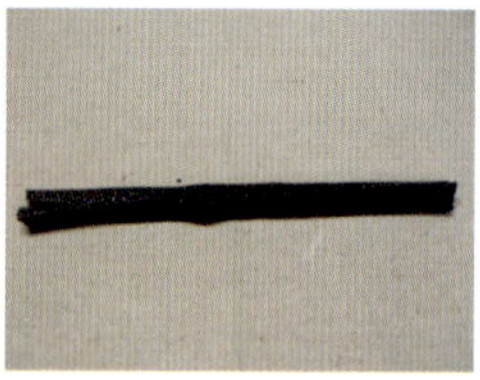

5 准备2条12cm长的斜纹蓝色缎带。

6 将折叠在一起的斜纹蓝色缎带展平，自然理顺缎带各条边。

7 将步骤6中的缎带充分展平。四边各留出1cm，在中间粘贴布料胶带。

8 如图折叠缎带，两端稍有重叠后，粗缝中间部位，制作成蝴蝶结形状。

9 依照相同方法再制作1个缎带蝴蝶结。不同之处是，另一个缎带蝴蝶结为缎带背面朝外。

10 将2个缎带蝴蝶结重叠后，用斜纹蓝色缎带缠绕中间部位一圈后粘贴固定。

11 不剪裁斜纹蓝色缎带，而是直接打结，使缎带呈现弯曲的形状。

12 将打结后的斜纹蓝色缎带放在文具盒盒盖上比对，选择恰当的装饰长度后，剪裁掉多余缎带即可。

装饰文具盒

⑬ 将步骤12中的装饰品放在文具盒盒盖上恰当的位置后，用胶粘贴固定。

⑭ 在斜纹蓝色缎带上装饰小熊木制纽扣，用胶粘贴即可。

制作开关部位的缎带蝴蝶结

⑮ 剪裁5~6cm长的斜纹蓝色缎带，用于装饰文具盒开关部位。

⑯ 展平步骤15中的缎带，自然理顺各条边。

⑰ 选择与缎带本身的折叠方向相反的方向，将两端向中间折叠后，如图粗缝中间部位。

⑱ 拉线收紧出蝴蝶结形状，用线缠绕后打结。在中间部位用胶粘贴固定圆形纽扣。

⑲ 在开关部位涂抹胶后，粘贴步骤18中的装饰品即可。

MY STORY BOOK
-PHN-

期待充实的一年！

布艺日记本

材料

- 双面胶带（大）1卷
- 双面胶带（小）1卷
- 布艺棉（A4尺寸）1片
- 布料（A4尺寸）1片
- 日记本1本
- 褐色线适量
- 兔子脸玩偶1个
- 英文图章1枚
- 褐色厚纸（10cm×5cm）1张
- 格子缎带（宽1.5cm）30cm1条
- 褐色收尾缎带（宽0.5cm）10~15cm1条

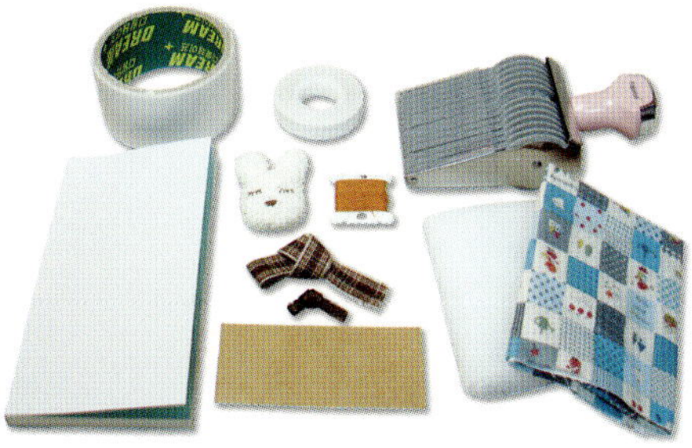

制作日记本封面

1 根据日记本的大小剪裁布艺棉。

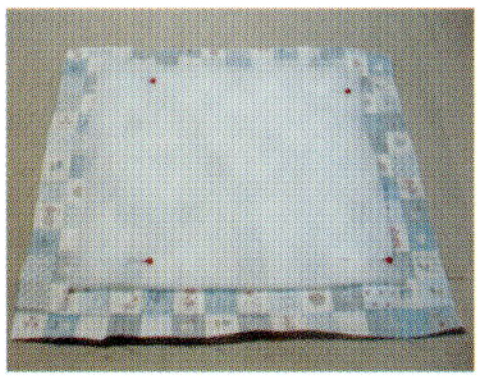

2 在布料背面放置步骤1中的布艺棉，各边留下2.5cm的布边后剪裁布料。

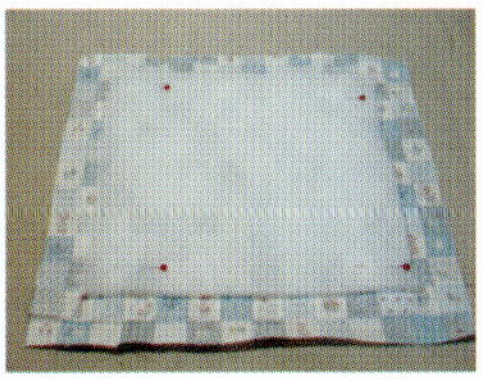

3 用大头针固定布料和布艺棉。

4-1 使用褐色线疏缝布料和布艺棉。

4-2 依照布料的图案，横向、纵向均进行缝制。

包装日记本封面

5 缝制完毕后，将日记本放在布艺棉上。

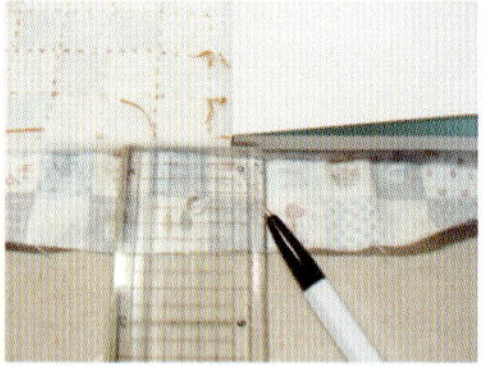

6 如图，在布料上以布料中心线为基准，距日记本侧脊下端两侧各1cm处用笔进行标示。

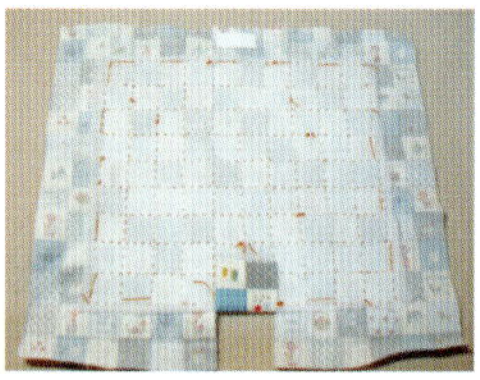

7 依照标示剪裁布料后，在该部位粘贴双面胶带（小），撕掉隔离胶带后向上折叠粘贴。上端依照相同方法操作。

8 将双面胶带（大）粘贴在日记本封面，粘贴时不要出现缝隙。

9 撕掉隔离胶带后，将布料平整地粘贴在日记本上。日记本封底也依照相同方法操作。

10 如图，用剪刀剪裁布料的四个边角。其中横向呈斜线剪裁。

11 日记本的每条边对应的布边上均粘贴双面胶带（小）。撕掉隔离胶带后，细致包裹粘贴日记本的每条边，日记本的外包装即可完成。

12 如图，在日记本内页粘贴双面胶带（大），撕掉隔离胶带后与布料部分重叠粘贴。

装饰日记本封面

⑬ 如图，将褐色收尾缎带放在日记本封面的适当位置，用胶粘贴固定。然后在缎带上粘贴兔子脸玩偶。

⑭ 剪裁出5cm长的格子缎带后，以中心线为基准，两端向中间折叠后重叠约0.3cm，粗缝中间部位，拉线收拢出蝴蝶结形状。

⑮ 用褐色收尾缎带缠绕蝴蝶结中间部位后用胶粘贴固定，再将之粘贴在兔子耳朵上。

⑯ 将褐色厚纸剪裁成适当大小后，在上面用英文图章印刻出喜爱的字句。

⑰ 在步骤13中的收尾缎带末端涂抹少许胶后，将之粘贴在步骤16中的厚纸一角。

⑱ 如图，将剩余的格子缎带的右端扭转折叠后向上伸长，左端折叠后从孔洞中穿出。

⑲ 如图将右端缎带也从孔洞中穿出，大致呈现出蝴蝶结形状。

⑳ 将缎带两端理顺，使其长度一致后，将两端剪裁成“V”形，用打火机略微处理。

㉑ 将步骤20中的蝴蝶结粘贴在步骤17中的厚纸上，制作出类似于书签的装饰品。再将之粘贴在收尾缎带末端，整体效果更显整洁。

星星点点的回忆

别致的影集

材料

- 双面胶带（大）1卷
- 双面胶带（小）1卷
- 影集1本
- 点状花纹布料（45cm×55cm）1片
- 毛毡（A4尺寸）1片
- 驼色跳线罗纹缎带（宽1cm）1.5码
- 蕾丝（宽5cm）35~40cm

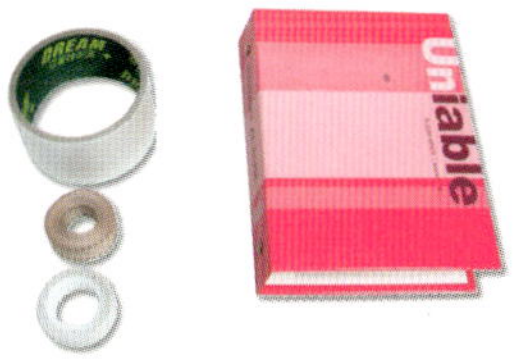

用布料包装影集

❶ 如图，将双面胶带（大）剪裁成适当大小，粘贴在影集的封面和封底。侧面粘贴较窄的双面胶带。暂时不要撕掉隔离胶带。

❷ 展平点状花纹布料，背面朝上，将影集放在上面，各边留出2.5cm布边后剪裁布料。

❸ 撕掉隔离胶带后，如同罩上影集封面一般，将布料平整地粘贴在影集上。

❹ 如图，剪裁影集侧脊下端的布料。留出约1cm可以粘贴双面胶带（小）即可。

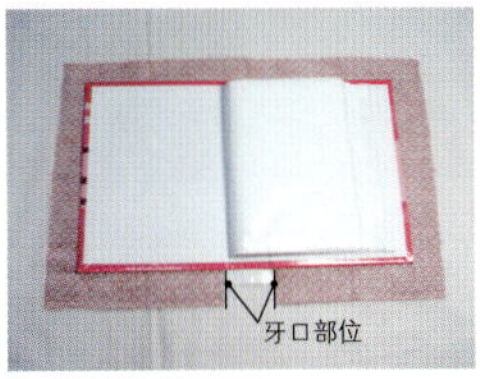

❺ 在留出的部位粘贴双面胶带（小）后，为便于将此处向内折叠，在布料两端剪裁出牙口。

❻ 将影集竖立起来，如图，向外翻转点状花纹布料。撕掉隔离胶带后，将1cm宽的布料向内折叠粘贴。另一端依照相同方法操作。

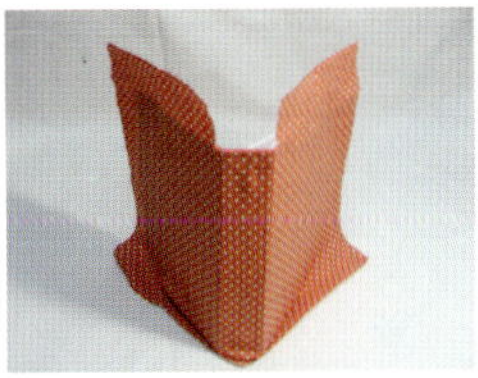

❼ 在1cm宽的点状花纹布料上再粘贴双面胶带（小），撕掉隔离胶带后，将其粘贴固定在影集侧面的上下两端。

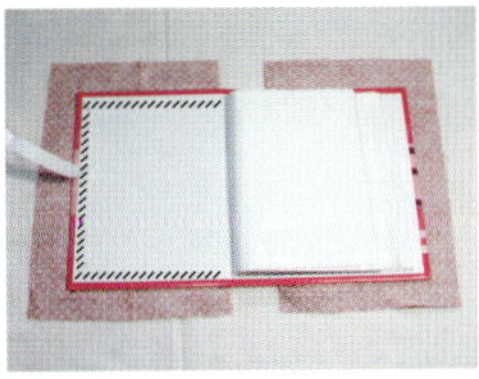

❽ 将双面胶带（小）粘贴在影集封面和封底的内侧后，撕掉隔离胶带。

❾ 依照影集大小，剪裁4个边角，然后将各边向内折叠粘贴在影集上。

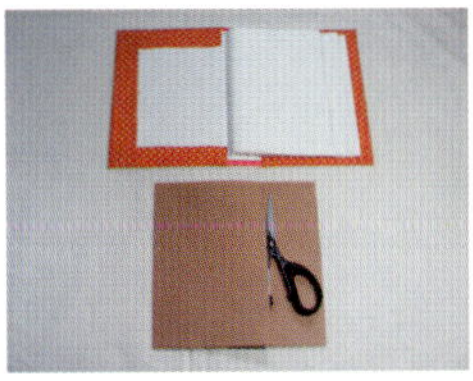

❿ 依照影集封面、封底内侧大小剪裁毛毡后，将毛毡用胶粘贴在影集封面和封底内侧。

制作装饰品

⑪ 在剩余的毛毡上画出直径约5cm的圆并剪裁。将蕾丝上方一条边以0.5cm为间距粗缝，拉线收拢出褶皱。

⑫ 将蕾丝折叠成花朵形状后，用胶粘贴在圆形毛毡上。

⑬ 将剩余的点状花纹布料剪裁出长12cm、宽8cm大小。

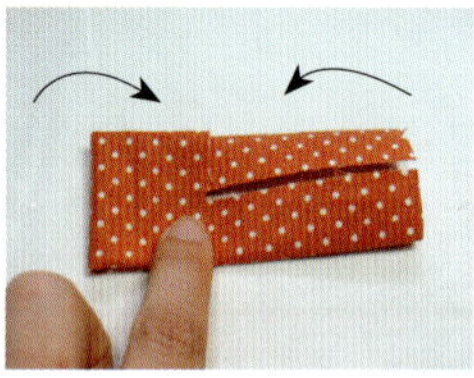

⑭ 如图，以横向中心线为基准，上下折叠布料。再以纵向中心线为基准，左右两端向中间折叠后重叠约0.5cm。

⑮ 粗缝中间重叠的部位后，将线缠绕若干圈，拉紧收拢出蝴蝶结形状后打结。

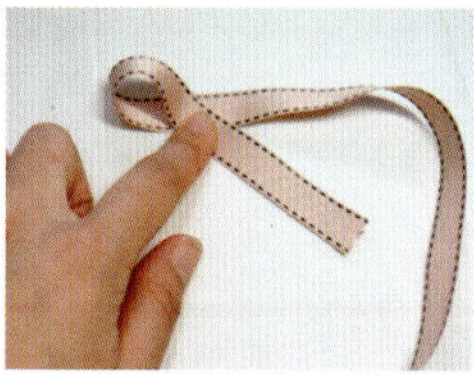

⑯ 如图，将驼色跳线罗纹缎带左端翻卷折叠。

⑰ 如图，缎带另一端向中间折叠后，再向后呈斜线翻转折叠后朝向斜上方。

⑱ 如图，将朝向斜上方的一端再次向下折叠后，粗缝中间部位，并用线缠绕若干圈后打结。

⑲ 将缎带两端的长度整理一致，呈斜线剪裁后，用打火机略微处理。

20 在步骤19中的缎带中间部位涂抹胶后，粘贴步骤15中的蝴蝶结。再剪裁1片长5~6cm、宽2~3cm的点状花纹布料备用。

21 用点状花纹布料紧紧缠绕蝴蝶结中间部位，两端无须重叠，直接粘贴固定即可。

小贴士

- 依照所需剪裁点状花纹布料和毛毡后使用。同样，依照需要剪裁驼色跳线罗纹缎带后使用。

装饰影集

22 在步骤12中的装饰品中间部位涂抹少量胶，粘贴步骤21中的装饰品。

23-1 在影集封面的中间位置粘贴驼色跳线罗纹缎带。

23-2 将缎带缠绕影集封面一周，用胶细致地粘贴固定。

24 在影集封面中间位置粘贴步骤22中的装饰品即可。

令人心动的变身

公主手镜

材料

- 点状花纹胸花1对
- 手镜1面
- 钓鱼线40cm
- 红色仿真珍珠（直径0.5cm）22~30颗
- 黑色压克力珠子（直径1cm）10~12颗
- 人造毛绒球1个
- 亮片天鹅绒缎带（宽1.5cm）50cm1条
- 红色贡缎缎带（宽2.5cm）50cm 1条

包裹手镜

1 依照个人喜好的排列方式，将红色仿真珍珠和黑色压克力珠子穿入钓鱼线，穿成适当长度的珠串后打结，但不截断钓鱼线。

2 选择能够包裹住手镜正面和背面的点状花纹胸花，在镜子表面涂抹胶后，粘贴固定胸花，防止其脱落。

3 将没有剪裁的钓鱼线紧紧缠绕在手镜开合连接处，打结并剪裁。用胶紧密粘贴胸花和钓鱼线。

制作毛绒球缎带装饰品

4 将亮片天鹅绒缎带和红色贡缎缎带重叠放置后，为防止其松散，用手牢牢抓住，如图翻转折叠出蝴蝶结形状。

5 左端缎带从下方斜线穿过，拉伸至右后方。

6 最终折叠出双蝴蝶结的形状后，粗缝中间部位。用线紧紧缠绕若干圈后打结即可。

小贴士

- 请准备可以开合的手镜。如果没有，也可以用化妆品盒代替。

7 在双蝴蝶结中间部位粘贴人造毛绒球。

8 在胸花和珠串连接部位涂抹少许胶后，粘贴固定步骤7中的装饰品即可。

你好！

粉红手机链

材料

收尾缎带（宽0.5cm）每条5cm，各10条，2组

- A 粉色跳线缎带
- B 淡粉色缎带
- C 深粉色跳线缎带
- D 杏粉色缎带
- E 粉色跳线缎带
- F 粉色缎带
- G 粉蓝色跳线缎带
- H 白色缎带
- I 杏粉色缎带
- J 深粉色跳线缎带
- 黑色塑料珠子20颗
- 手机链1条

制作装饰品

1 每种收尾缎带各准备10条，依照字母顺序，如图将收尾缎带对折并穿入针线。

2 依照顺序每10条为1组，共穿入10组后，拉线收拢后打结。

3-1 将步骤2中的缎带理顺成一条，使下端显露出来，在缎带之间涂抹胶，相互粘贴固定。

3-2 在连接成一条的缎带底部再次涂抹一遍胶，将其卷成圆形的花朵形状。

4 花朵完成后，将扁平一面朝下放置，理顺花朵，使其显得更旺盛。

5 依照相同方法再制作1个花朵装饰品。

连接手机链

6 完成2个花朵装饰品后，在朝向下方的一面涂抹胶后相互粘贴成花球。

7 将针线穿入花球中间，将黑色塑料珠子一颗颗穿到线上。

8 珠子穿好后，再次将针穿入最初的花球中间的位置，使珠子链条形成环形。打结固定后在珠链上穿入手机链即可。

小贴士

- 将每一条收尾缎带的两端都用打火机略微处理，防止其脱线。
- 请不要改变A~J的缝制顺序。

1983

神秘钥匙链

材料

- 钥匙链1套
- 小熊手工艺饰品2个
- 蕾丝（宽2.5cm）0.5码2条
- 条状花纹提花缎带（宽2.5cm）0.5码2条
- 收尾缎带12cm1条
- 心形仿真珍珠（直径0.5cm）2颗
- 圆形木片1个

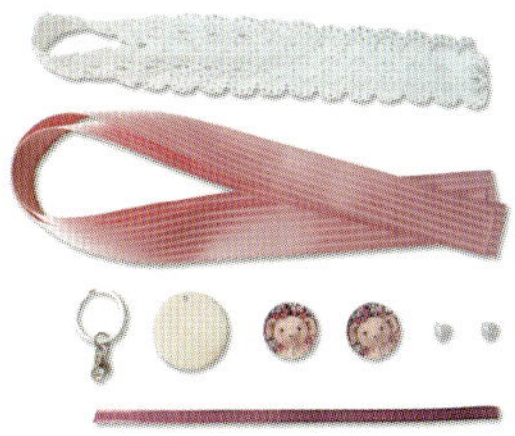

制作装饰品

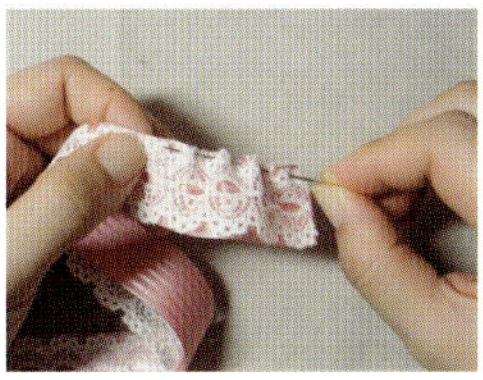

1 将蕾丝和条状花纹提花缎带重叠放置后，上端一条边以0.5cm为间距粗缝。

2 拉线收拢出褶皱，使其呈现出甜甜圈形状。

3 在两端涂抹胶后粘贴固定，制作成甜甜圈形状。

4 在中间圆孔周围涂抹胶后，粘贴1个小熊手工艺饰品。

5 依照相同方法再制作1个装饰品。

连接钥匙链

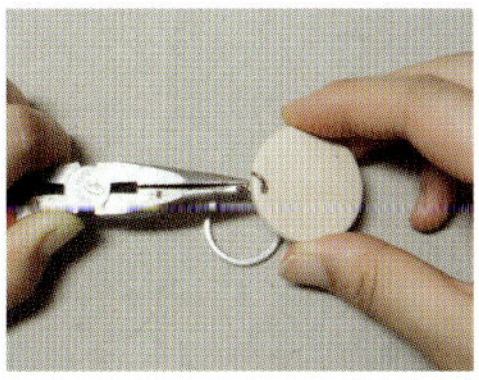

6 用钳子将钥匙链上的钥匙环略微扩展开，夹入圆形木片后，再将钥匙环归位。

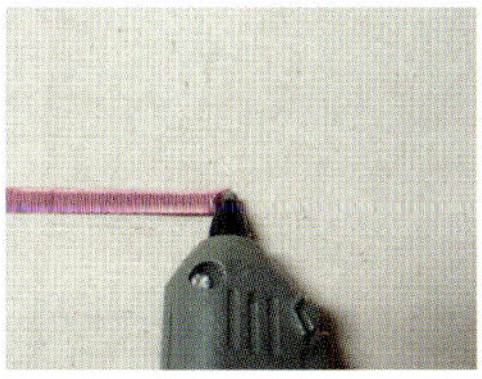

7 在收尾缎带一端涂抹胶后对折粘贴，然后将其粘贴在圆形木片下方。

装饰钥匙链

8 在圆形木片正面涂抹胶后，粘贴步骤5中的装饰品。背面依照相同方法粘贴装饰品。

9 在收尾缎带的正反两面各粘贴1颗心形仿真珍珠即可。

无论是谁，在赠送礼物时，都希望将自己绵绵的心意淋漓尽致地传递给对方。请您不妨用缎带对礼物予以时而优雅、时而创意无限的包装吧。为了烘托礼物的意义与氛围，您尽可大显身手，创造一切可能。

Chapter 3

礼物包装

Chocolat
CHOCOLAT ET CONFISERIE.
QUILT LOVERS' FORUM
We print our catalog for the AMISH
Cotton Company
Quilts
for Katie Rose
$15.95

古典包装

材料

- 英文报纸包装纸1张
- 礼物盒子1个
- 红酒1瓶
- 毛毡（边长11cm）1片
- 深褐色跳线缎带（宽2.5cm）2~3码
- 深褐色跳线缎带（宽1.5cm）1码
- 驼色跳线缎带（宽1.5cm）1码
- 淡驼色跳线缎带（宽1.5cm）1码
- 仿真半球珍珠（直径1.5cm）2颗
- 仿真半球珍珠（直径1cm）3颗
- 仿真半球珍珠（直径0.5cm）2颗
- 仿真半球珍珠（直径0.3cm）3颗

包装盒子

1 依据礼物盒子的大小剪裁包装纸。

2 如图，用包装纸包装盒子，并将各个边角折叠平整，盒子包装整洁。

3 如图在步骤2中包装完毕的盒子1/3处，用2.5cm宽的深褐色跳线缎带缠绕一周，用剪刀剪裁缎带后粘贴固定。

制作包装花1

4 将1.5cm宽的深褐色跳线缎带、驼色跳线缎带、淡驼色跳线缎带分别剪裁为5cm长的缎带，将缎带两端用打火机略微处理后备用。

5 如图，将步骤4中的缎带两端折叠成尖顶帽形状后，粘贴固定。

6 在剪裁成直径5cm的毛毡边缘，交替粘贴步骤5中每一个不同颜色的缎带。

7 毛毡外围粘贴完毕后，再粘贴毛毡内部一圈。粘贴完毕后再重复一遍此过程，制作成包装花。

8 将1颗直径1.5cm的仿真半球珍珠粘贴在包装花中心即可。

小贴士

- 将缎带预先缠绕盒子进行比对后再调整使用。
- 依据个人喜好，也可省略粘贴仿真半球珍珠的步骤。

盒子包装收尾

9 在盒子上缎带连接处粘贴包装花1。

10 将准备好的仿真半球珍珠粘贴在恰当的位置即可。

包装瓶子

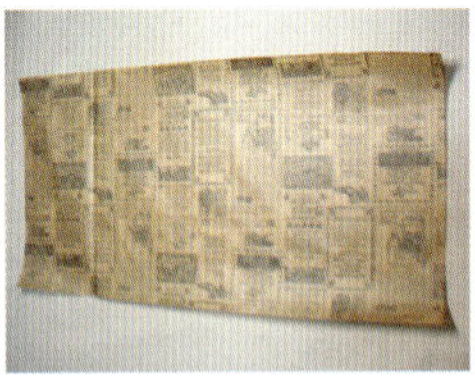

11 测量瓶子周长后剪裁包装纸。纵向不必剪裁，直接依照包装纸原来的长度使用即可。

12 将瓶子上端包装纸向内折叠约13cm。

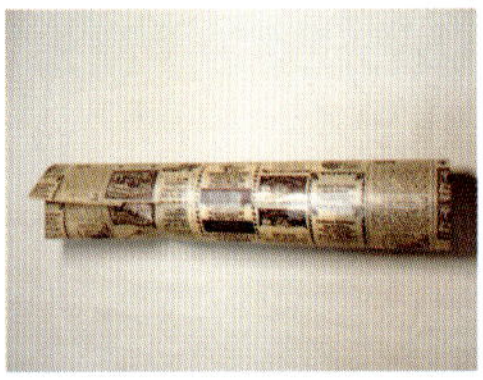

13 如图用包装纸包裹瓶子。

14 瓶底部位：一边旋转瓶子，一边将包装纸呈斜线向中间聚拢折叠，用胶粘贴固定。

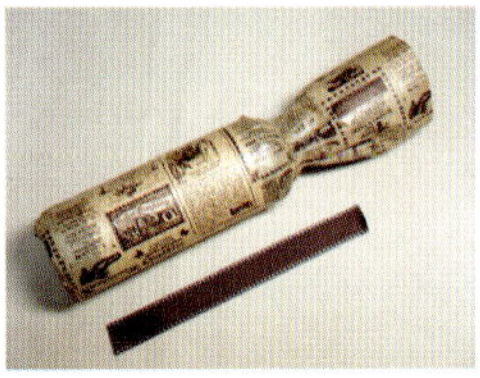

15 用手轻轻按压瓶颈部位，使其出现褶皱。

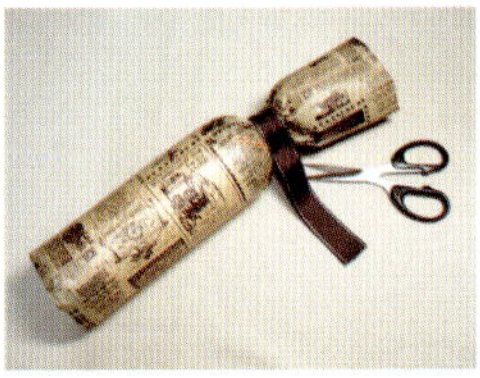

16 用2.5cm宽的深褐色跳线缎带缠绕瓶颈后，用胶粘贴固定，剪裁掉多余缎带。

制作包装花2

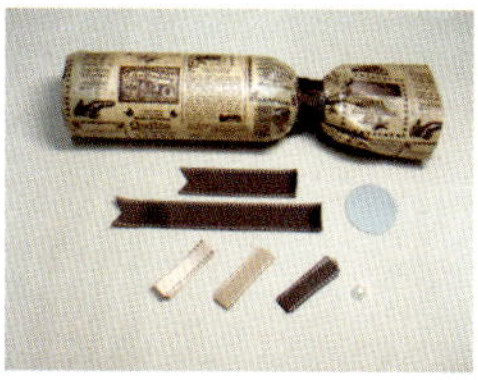

17 将2.5cm宽的深褐色跳线缎带分别剪裁出1条15cm长和1条20cm长的，如图，分别将两条缎带的一端剪裁成“V”形。

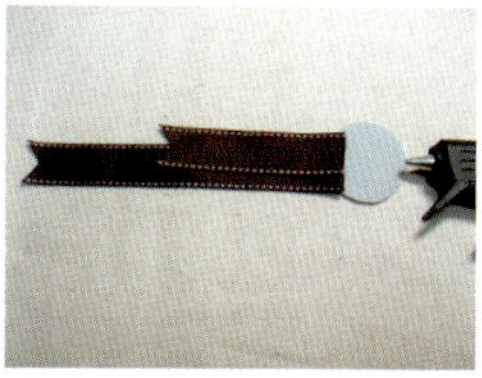

18 如图，将2条缎带重叠放置，在没有剪裁成“V”形的一端涂抹胶后，粘贴固定在直径5cm的圆形毛毡上。

19 如图，将步骤7中剩余的缎带两端折叠粘贴成尖顶帽形状。

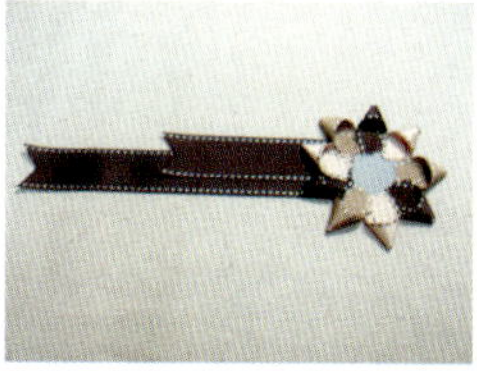

20 将步骤19中每一种颜色的缎带交替粘贴在毛毡外围。

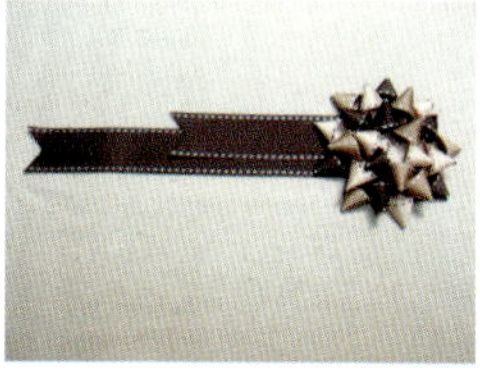

21 在毛毡内部再次粘贴一圈缎带。

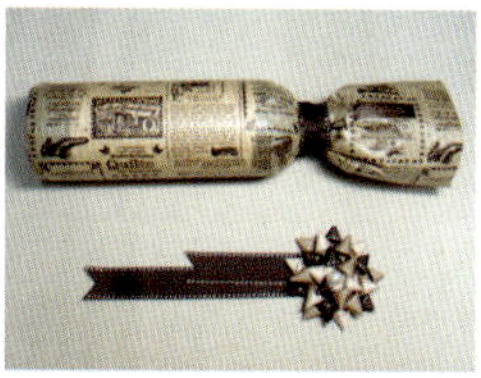

22 如图，再次粘贴一圈缎带后，在中心粘贴1颗直径1.5cm的仿真半球珍珠即可。

瓶子包装收尾

23 在步骤16中的瓶颈上缎带连接处粘贴包装花2即可。

可爱包装

材料

- 心形绒布盒子（大）1个
- 红酒1瓶
- 毛毡1片
- 假花2朵
- 仿真珍珠（直径0.5cm）140~160颗
- 杏色贡缎缎带（宽1cm）7~9码
- 杏色贡缎缎带（宽2.5cm）7~8码
- 杏色贡缎缎带（宽1.5cm）30cm
- 深粉色贡缎缎带（宽1cm）12~15码
- 白色贡缎缎带（宽0.5cm）2码

包装瓶子

1 将1cm宽的杏色贡缎缎带和深粉色贡缎缎带各剪裁出14~16条30cm长的，数量和长度依据瓶子的尺寸有所不同。

2 从瓶塞底部开始粘贴杏色贡缎缎带。在中间部位用胶粘贴固定，一直粘贴至瓶底为止。

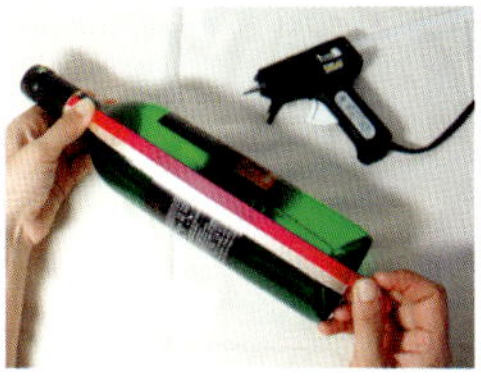

3 深粉色贡缎缎带依照步骤2的方法与杏色贡缎缎带重叠粘贴，略微显露出杏色贡缎缎带即可。与起始点相比，逐渐拉大缎带的间距粘贴。

4 如图，将瓶子整体予以包装。用1.5cm宽的杏色贡缎缎带缠绕瓶颈一周并粘贴后，剪裁掉多余的缎带。

包装瓶盖

5 各剪裁4条15cm长、1cm宽的深粉色贡缎缎带和杏色贡缎缎带。如图，每2条相同颜色的缎带呈“十”字形交叉后，2组不同颜色的“十”字呈斜线交叉。

6 依照相同方法再制作1个缎带装饰品。将2个缎带装饰品呈交叉状重叠，用胶水粘贴固定。

7 翻转步骤6中的装饰品并在中心涂抹胶后，粘贴在瓶盖上方。将呈伞骨状的缎带依照瓶盖的线条粘贴固定。

8 用1.5cm宽的杏色贡缎缎带缠绕瓶塞边缘伞骨状缎带的收尾部位一周粘贴即可。

制作包装花

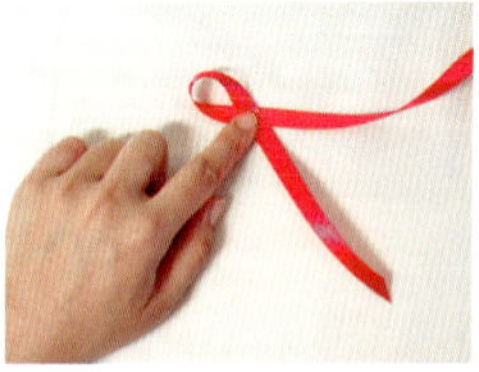

9 将1cm宽的深粉色贡缎缎带展平后，如图，将一端翻转折叠，并留出长度等同于红酒瓶高度一半的缎带。

10 另一端如图翻转折叠，形成蝴蝶结。

11 如图将较长一端呈斜线经过底部向上折叠。

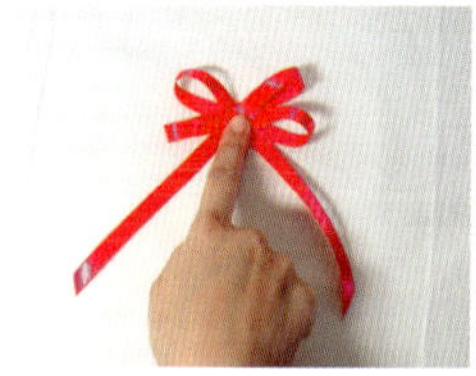

12 如图，将朝向上方的一端再次呈斜线向下折叠，形成双蝴蝶结。

13 粗缝蝴蝶结部分，用线缠绕若干圈后打结。依照相同方法再制作1个白色缎带蝴蝶结。

14 将深粉色和白色缎带蝴蝶结重叠粘贴。从假花中分离出一片片花瓣。在蝴蝶结中间部位粘贴几片花瓣即可完成包装花。

瓶子包装收尾

15 如图，在瓶颈衔接部位粘贴包装花。

16 依照瓶底尺寸剪裁并粘贴毛毡。

17-1 如图，将包装花两端缎带卷曲并涂抹胶后，粘贴固定在瓶身上。

17-2 在适当位置粘贴仿真珍珠。将几片花瓣粘贴在瓶身下方，营造出花瓣坠落的美感。

小贴士

- 制作珍珠缎带装饰品时，每个人折叠出的褶皱均有所不同，因此，请准备充足的1cm宽的深粉色缎带和2.5cm宽的杏色缎带。

装饰盒子

18 将60cm长的白色贡缎缎带对折。如图，将缎带对折部位粘贴固定在心形盒子的圆弧处。

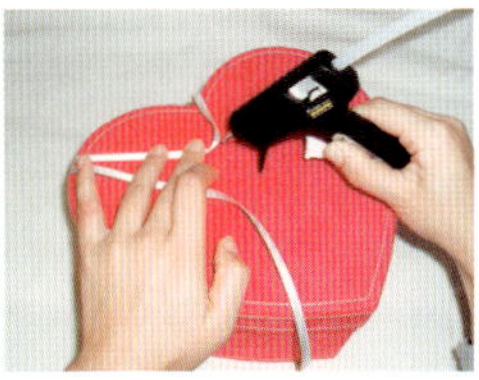

19 在距离步骤18粘贴部位约10cm处粘贴缎带，将剩余缎带卷曲后定型。

20 如图，一片片粘贴花瓣，自然地制作出花朵的形状。并在适当位置粘贴仿真珍珠进行装饰。

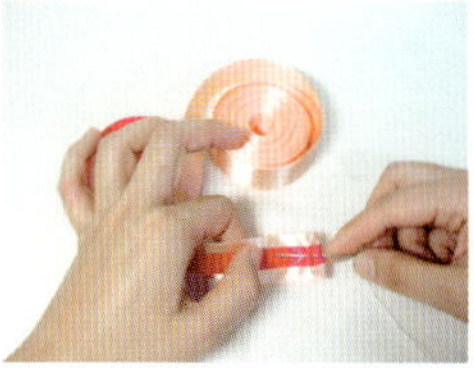

21 将1cm宽的深粉色贡缎缎带与2.5cm宽的杏色贡缎缎带重叠，将一端向内折叠约1cm后粗缝。

22 每3~4针，穿入1颗仿真珍珠。依据盒子的周长，制作围绕盒子装饰的珍珠缎带装饰品。

23 当缝制完毕能够围绕盒子一周的珍珠缎带装饰品后，不打结，留出约5cm的缎带，将缎带折叠后粗缝并打结。

24 依照相同方法再制作1条装饰盒子下部的珍珠缎带装饰品。

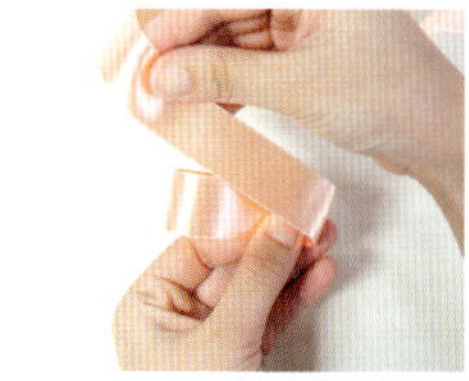

25 如图将2.5cm宽的杏色贡缎缎带对折出5cm长后，再呈斜线向上折叠。

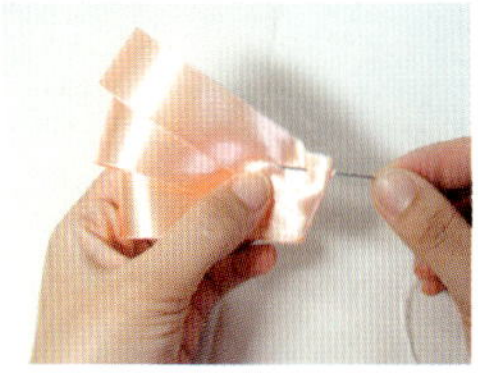

26 依照步骤25的方法对折出7cm长、10cm长的缎带，如图重叠。用剪刀剪裁掉剩余缎带。

27 将缎带缝成“口”形固定，防止其松散。

28 如图，用2.5cm宽的杏色贡缎缎带折叠出蝴蝶结并粗缝中间部位后用线缠绕，先不打结，在线上穿入3颗仿真珍珠，缠绕中间部位后打结。

29 如图，在花瓣装饰下粘贴步骤27、28中的装饰品，遮盖住针脚即可。

材料

- 白色篮子（大）1个
- 白色心形饰品2个
- 红色格子亚麻布料（90cm×55cm）1片
- 蓝色格子亚麻布料（45cm×55cm）1片
- 蓝色跳线缎带（宽0.5cm）1码
- 粉红色跳线缎带（宽0.5cm）1码
- 白色贡缎缎带（宽0.5cm）1码
- 白色褶皱蕾丝（宽4cm）1.5码

装饰篮子

1 如图用粉红色跳线缎带呈斜线缠绕篮子提手后，再用蓝色跳线缎带依照相同方法缠绕。两种颜色的缎带呈“X”形交叉缠绕提手中间部位。

2 将蓝色格子亚麻布料剪裁为4片同样大小的正方形布料。为防止脱线，将其中2片的内侧边分别涂抹胶，向内折叠约0.5cm后粘贴固定。

3 将1片蓝色布料对折后，粗缝重叠的边缘部分，如图拉线收拢成扇子形状。依照相同方法制作另外一片。

4 将步骤3中的布料粘贴在篮子两侧的提手位置。

5 将红色格子亚麻布料横向对折后剪裁。如图，将剪裁后的布料再次对折，呈“U”形粗缝，拉线收拢出褶皱后先不打结。

6 用步骤5中的布料在篮子外围比对粘贴的位置，确定位置后再打结。用胶将其粘贴固定在篮子侧面。依照相同方法再制作1条红色布料装饰品并粘贴固定在篮子另一侧面。

7 如图，将白色褶皱蕾丝围绕篮口一周粘贴固定后，剪裁掉剩余的蕾丝。

制作装饰花

8 将剩余的1片蓝色格子亚麻布料对折后，依照步骤5的方法制作，收拢出褶皱后打结。依照相同方法再制作1片。

9 将白色贡缎缎带对折后剪裁。再次对折并标记出中心线，以中心线为基准如图翻转折叠出蝴蝶结形状。

10 用胶粘贴固定，防止缎带松散，然后粘贴固定白色心形饰品。再将之粘贴在步骤8中的蓝色格子亚麻布料上，制作成1个装饰花。

11 依照相同方法再制作1个装饰花，然后将装饰花粘贴在篮子提手两侧即可。

高贵典雅的

传统包装

材料

- 礼物盒子1个
- 布料包装纸1张
- 红酒1瓶
- 厚纸（边长10cm）1张
- 蝴蝶形状绳结3个（红色2个，绿色1个）
- 紫色贡缎缎带（宽2.5cm）3码
- 红色贡缎缎带（宽2.5cm）3码
- 淡绿色贡缎缎带（宽2.5cm）3码

包装盒子

1 将盒子放在包装纸上，横向包裹四面后，再细致包裹两侧面。

2 如图，将紫色贡缎缎带缠绕盒子一周，剪裁掉剩余缎带后，用胶粘贴固定。然后再略微重叠缠绕粘贴一周红色贡缎缎带。

3 如图，与步骤2中的缎带垂直缠绕淡绿色贡缎缎带后，用胶粘贴固定。

小贴士

- 布料包装纸不宜使用胶带粘贴，建议使用胶粘贴。
- 包装前，将盒子摆放在包装纸上，大致比对尺寸，留下充足空余后再剪裁。

制作盒子装饰品

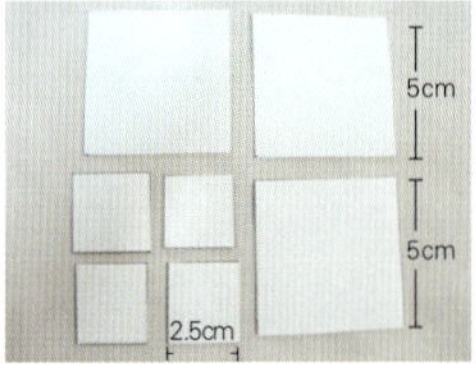

4 将厚纸四等分，再将其中一片四等分。

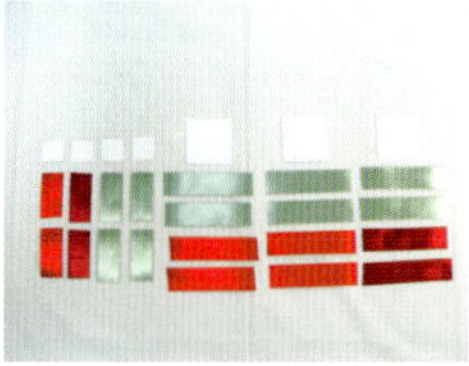

5 各准备6条淡绿色、2条紫色、4条红色的10cm长缎带，另准备4条淡绿色、2条紫色、2条红色的5cm长缎带。

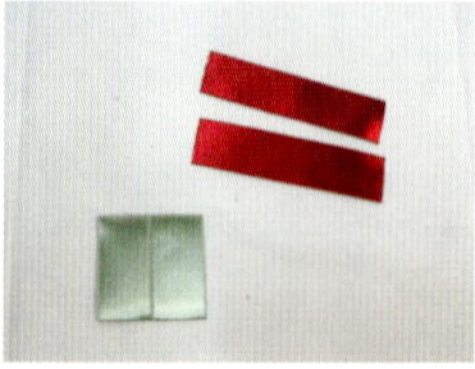

6 在边长5cm厚纸的一面涂抹胶，如图并排缠绕粘贴2条10cm长淡绿色贡缎缎带。

7 将缠绕在厚纸上的淡绿色贡缎缎带略微掀起，如图，交叉穿入2条10cm长的紫色贡缎缎带后，涂抹胶折叠粘贴固定即可。

8 依照相同方法用淡绿色和红色贡缎缎带再制作2个，共制作3个装饰品。

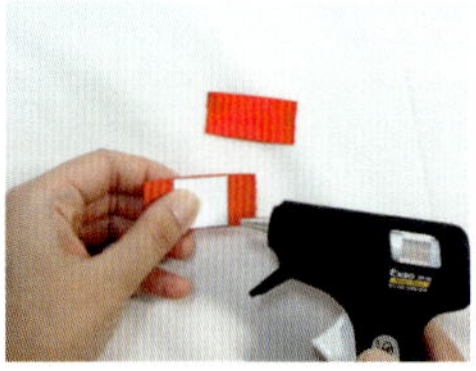

9 在边长2.5cm厚纸的一面涂抹胶，粘贴1条5cm长的红色贡缎缎带。

10 如图，将步骤9中的贡缎缎带略微掀起，穿入1条5cm长的红色贡缎缎带，剩余部分向后折叠并用胶粘贴固定。

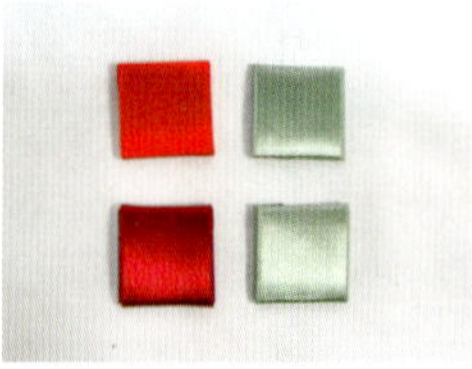

11 将其他5cm长的缎带依照相同方法粘贴在纸上。

装饰盒子

12 在交叉有紫色缎带的边长5cm厚纸装饰品上粘贴绿色蝴蝶形状绳结。

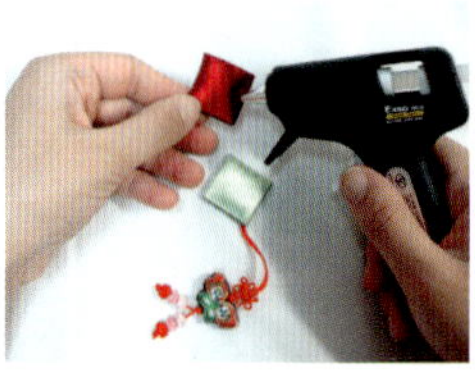

13 如图，在边长2.5cm淡绿色厚纸装饰品一角粘贴红色蝴蝶形状绳结。在边长2.5cm紫色厚纸装饰品上涂抹胶后，粘贴固定淡绿色厚纸装饰品。

14 如图，将装饰品粘贴在盒子适当位置即可。

包装瓶子

15 依照瓶子周长剪裁包装纸后，用包装纸包裹瓶子并粘贴固定。瓶底包装纸一边呈斜线折叠并按压，一边粘贴固定。当包装纸全部折叠完毕后，涂抹较多的胶，牢固地粘贴固定。

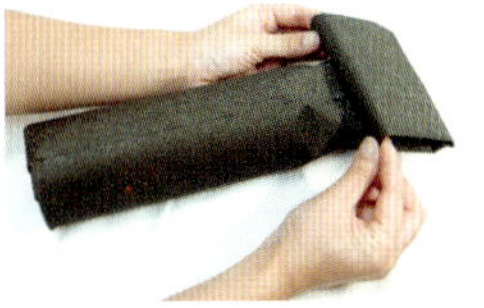

16 用手将瓶子上方包装纸按压扁平，依照瓶子高度，向下折叠包装纸。比对瓶颈部位，将包装纸末端向内折叠。

17 如图，将红色贡缎缎带与淡绿色贡缎缎带部分重叠后，放在步骤16中的包装纸内部，用胶粘贴固定。

18 在贡缎缎带上涂抹胶，纵向围绕包装纸一周粘贴固定。如图，留下适当长度后剪裁掉缎带，在留下的缎带上涂抹胶后，向内折叠粘贴，整洁收尾。

19 如图，在包装纸空隙中穿入紫色贡缎缎带，略微按压两端，形成褶皱。

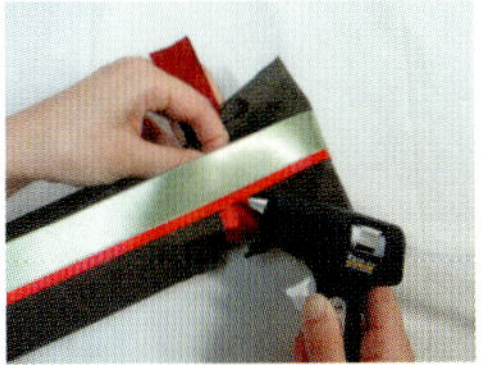

20 翻转瓶子，如图，将剩余缎带折叠后隐藏连接部位。

装饰瓶子

21 在剩余的一个边长2.5cm淡绿色厚纸装饰品一角涂抹胶，粘贴固定红色蝴蝶形状绳结，并在上方粘贴边长2.5cm红色厚纸装饰品。

22 如图，在瓶子包装纸的折叠部位粘贴步骤21中的装饰品。在距离瓶底约5cm处，呈菱形粘贴边长5cm的厚纸装饰品。

祝福新郎新娘百年好合！

婚礼包装

材料

- 圆柱形纸盒1个
- 红酒1瓶
- 小熊玩偶（长10cm）2个
- 王冠饰品1个
- 金线缎带（宽1cm）4码
- 金色贡缎缎带（宽4cm）2码
- 金色贡缎缎带（宽2.5cm）0.5码
- 象牙色贡缎缎带（宽2.5cm）1码
- 象牙色贡缎缎带（宽4cm）1码
- 黑色珠光缎带（宽1cm）5cm1条
- 涤棉蕾丝（宽5cm）5码
- 白色贡缎布料（90cm×110cm）1片
- 毛毡（边长10cm）2片

小贴士

- 在制作小熊新郎时，不测量精准的尺寸，而是将布料（缎带）覆盖在小熊身体上进行比对，做出造型，又称为“立体剪裁”或“立体模式”。每个小熊玩偶的尺寸不一，因此本书中采取此方法制作小熊玩偶的服装。

制作小熊新娘

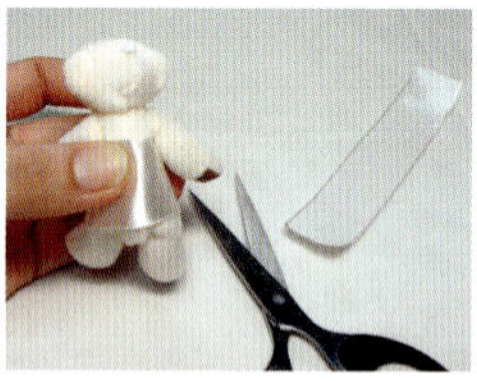

❶ 将4cm宽象牙色贡缎缎带剪裁出20cm长，如图，围绕小熊胸部一周。留出约1cm的边后剪裁掉剩余部分，用胶粘贴固定。剩余缎带可以用于制作小熊新郎的衬衫。

❷ 如图将金线缎带环绕小熊背部和肩部一周后粘贴收尾。此时应特别注意细致地涂抹胶。

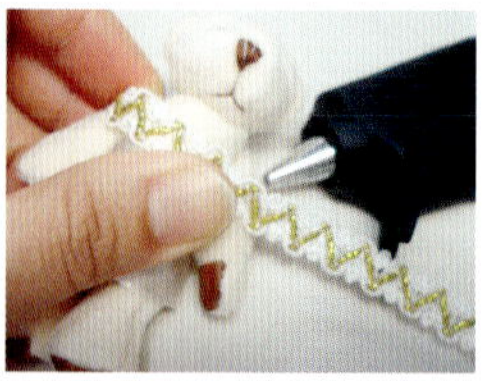

❸ 将4cm宽象牙色贡缎缎带剪裁出70cm长，粗缝一条边，拉线收拢出褶皱。在不打结的状态下围绕小熊腰部进行比对后再打结。

❹ 在小熊肚脐周边细致地涂抹胶后，粘贴步骤3中的褶皱缎带，为小熊穿上裙子。

❺ 如图，粗缝70cm长的涤棉蕾丝一条边，拉线收拢出褶皱后，覆盖在象牙色缎带裙子上方，粘贴固定。

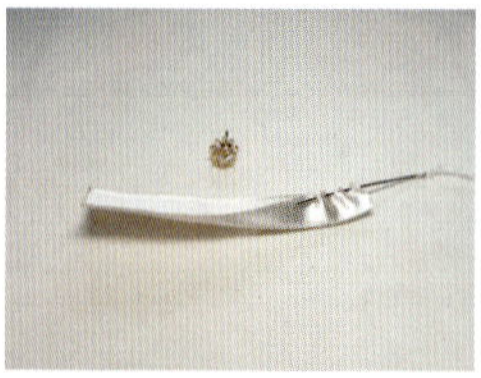

❻ 将2.5cm宽象牙色贡缎缎带剪裁出10cm长，如图对折后粗缝。拉线收拢成圆形后，在中心部位粘贴王冠饰品。

❼ 将金线缎带从小熊头顶开始，呈“∞”形交叉环绕在小熊头部。

❽ 粗缝20cm长的涤棉蕾丝一条边后，拉线收拢成扇形，制成头纱。

❾ 在头纱粗缝部位涂抹胶后，粘贴在小熊头部后侧，将步骤6中的王冠饰品粘贴在小熊头顶。

⑩ 如图，将2.5cm宽、40cm长的象牙色贡缎缎带折叠成蝴蝶结形状后，粗缝中间部位定型，并将缎带两端剪成“V”形。

⑪ 将完成的缎带蝴蝶结粘贴在小熊腰部的后方。小熊新娘即制作完成。

装饰盒子

⑫ 将涤棉蕾丝围绕盒盖一周后粘贴固定。在蕾丝上端边缘再环绕一周金线缎带。依照相同方法围绕盒子下部边缘进行装饰。

⑬ 将毛毡剪裁为直径10cm的圆形。粗缝4cm宽、90cm长的金色贡缎缎带一条边，边缝制边拉线收拢出褶皱，围绕毛毡粘贴一周后打结。

⑭ 依照相同方法将90cm长的涤棉蕾丝收拢出褶皱后，重叠粘贴在金色贡缎缎带上方。将毛毡粘贴在盒盖的中心位置。

⑮ 将小熊新娘粘贴固定在步骤14中装饰品的中心位置。

制作小熊新郎

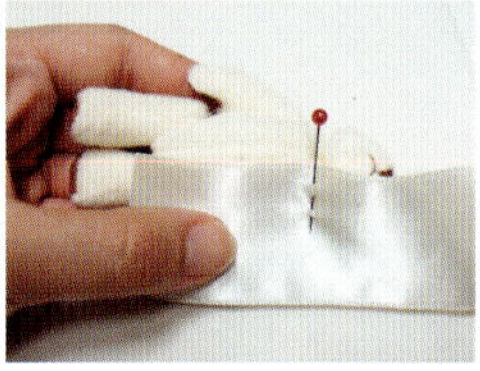

⑯ 如图，使用步骤1中剩余的4cm宽象牙色贡缎缎带比对小熊身长后，用红色大头针标示出衣长。

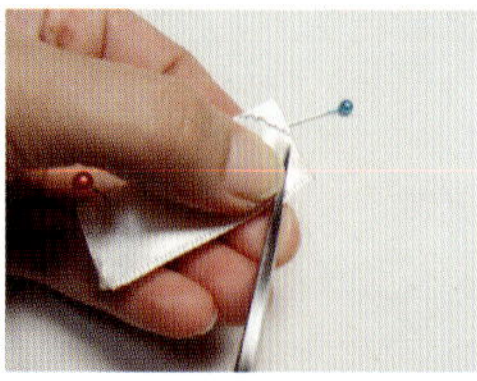

⑰ 在标示的位置向上约0.5cm处剪裁缎带后，用打火机处理脱线的缎带。将缎带对折后，在一侧的中心位置剪出0.5cm深的牙口，相对另一侧剪裁成“V”形。

⑱ 将步骤 17 中的缎带环绕在小熊脖子下方，粘贴固定。如图，将剪出牙口的部分向下折叠，制作出衬衫领。

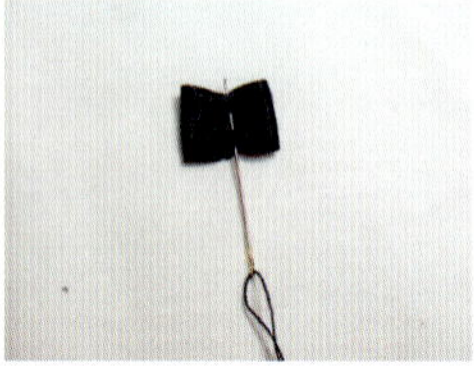

⑲ 以黑色珠光缎带的中心线为基准，将两端向中间折叠后粗缝，制成蝴蝶领结后粘贴在小熊脖子上。

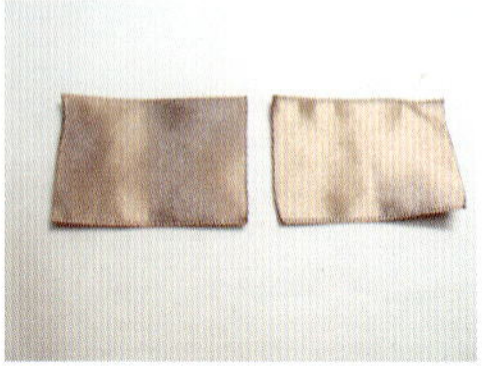

⑳ 将4cm宽、8cm长的金色贡缎缎带对折后，剪裁为2条。

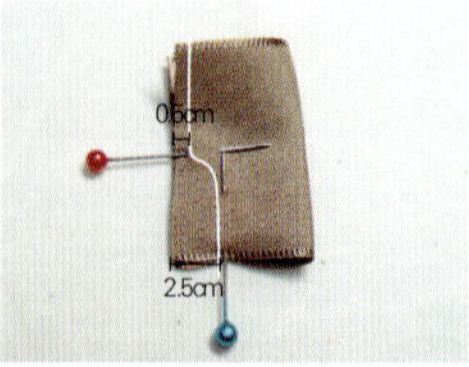

㉑ 将其中1条金色贡缎缎带正面相对对折。用大头针固定后，如图用笔画出线条。

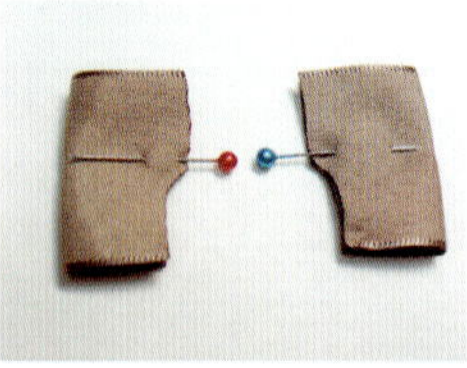

㉒ 去除蓝色大头针，依照画出的线条剪裁。另一条依照相同方法制作。

㉓ 以0.2~0.3cm为间距进行细密的回针缝后，将缎带翻转到正面。另一条依照相同方法缝制。

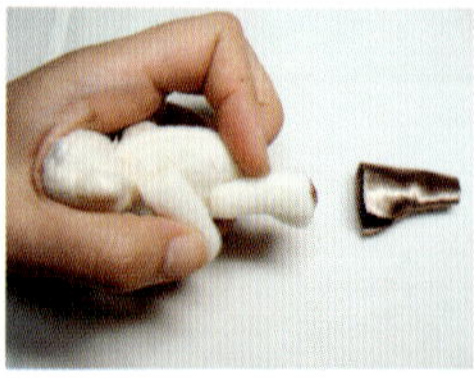

㉔ 将步骤23中的缎带分别穿在小熊腿部。如果想制作较为宽松的裤筒，可以剪裁较长的缎带（10cm长），并依照相同方法制作即可。

㉕ 可以借助大针的针眼端将小熊的腿部仔细塞入紧实的裤子内。

㉖ 两条裤腿都穿好后，如图，在缎带上涂抹胶，粘贴固定裤腿即可。

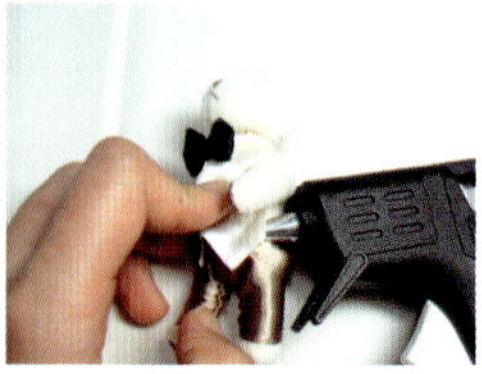

㉗ 固定好裤子后，将衬衫稍向下拉，覆盖在裤子上。在衬衫底部涂抹胶，粘贴固定，防止衣服移动。

28 用2.5cm宽金色贡缎缎带缠绕小熊胳膊进行比对后，剪裁适当长度即可。

29 将剪裁好的缎带正面相对对折，进行密致的回针缝后再次翻转到正面。借助大针针眼端将小熊胳膊塞入紧实的袖子内。

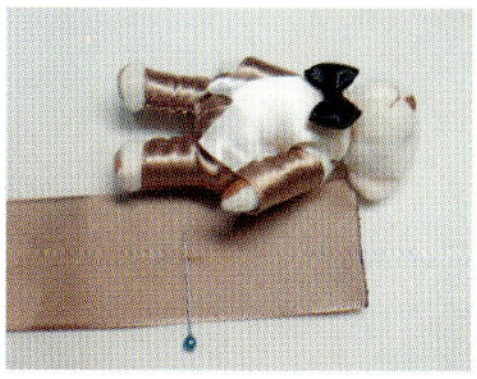

30 将剩余的4cm宽金色贡缎缎带放置在小熊旁边，比对身长。用大头针标示长度，留出约2cm的余量后剪裁。

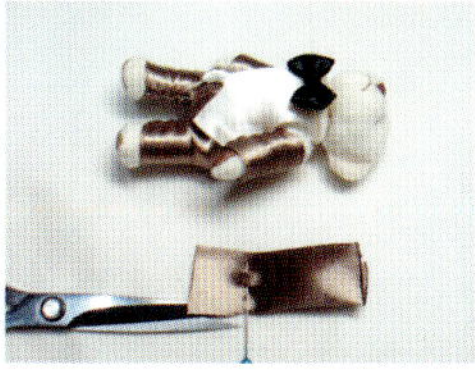

31 将步骤30中的缎带如图对折后，在原位置插入大头针。如图，剪出牙口至大头针的位置。

32 如图，将缎带呈弧形剪裁，制作衣服后片。

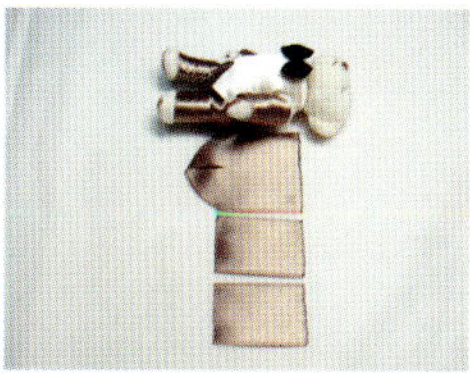

33 展平衣服后片缎带，将2.5cm宽金色贡缎缎带并列摆放在背部缎带旁边，在相同位置插入大头针后剪裁掉剩余部分。依照相同方法再制作1条缎带。

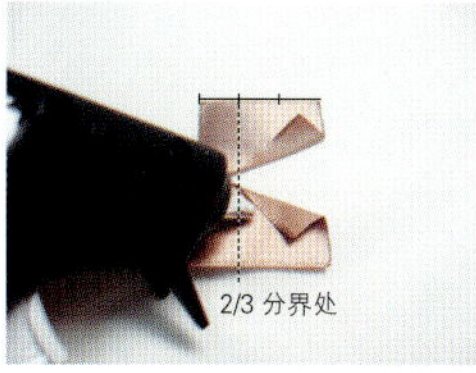

34 将2条缎带并列摆放，如图，将衣领折叠成三角形至2/3分界处后粘贴固定。衣服前片制作完毕。

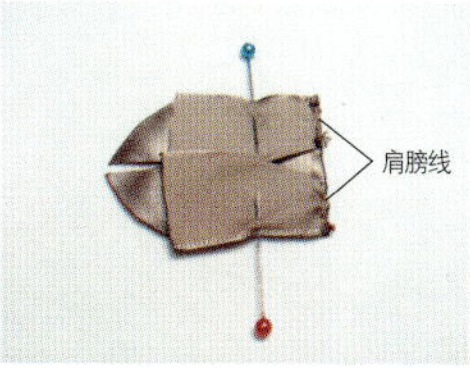

35 将衣服后片与前片光滑的一面贴合对齐。如图在前片中心线处插入大头针后，以回针缝缝制肩膀线。

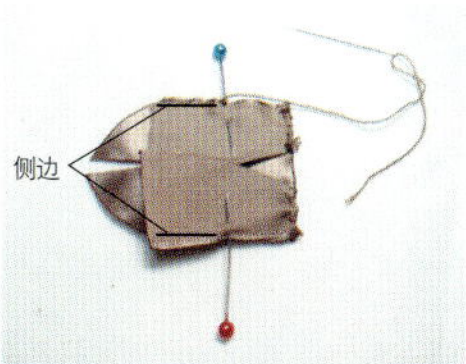

36 如图缝制侧边至插入大头针的位置。将完成的上衣翻转到光滑面后，穿在小熊身上。

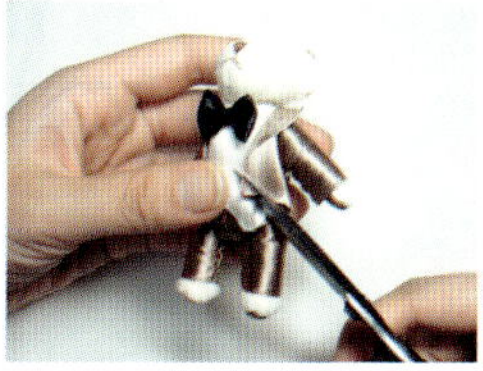

37 如图，将上衣前片下端以斜线剪裁后，为防止其脱线，用打火机略微处理后收尾。

38 将2.5cm宽金色贡缎缎带剪裁出6cm长，横向对折后粘贴固定。再将其纵向对折，缝隙处涂抹胶后粘贴固定。

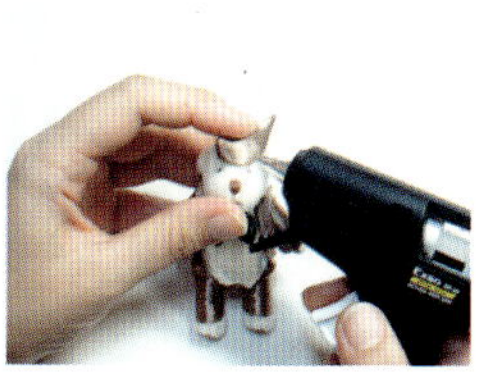

39 用手指略微按压步骤38中的缎带中部，制作出造型后，将其粘贴固定在小熊的头部。小熊新郎即制作完成。

装饰瓶子

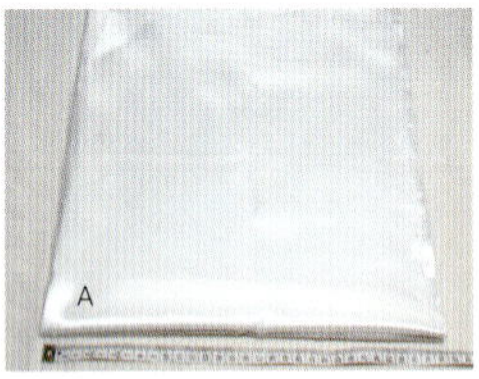

40 将白色贡缎布料折叠2次后，确认长度超过30cm。以A为基准点，将缎带折叠为三角形。

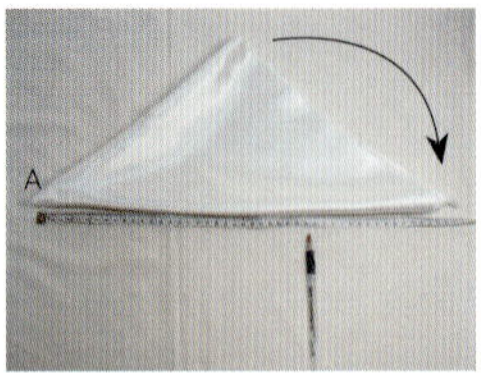

41 用尺子测量三角形底边，在30cm处做出标记。再次沿箭头方向折叠缎带。

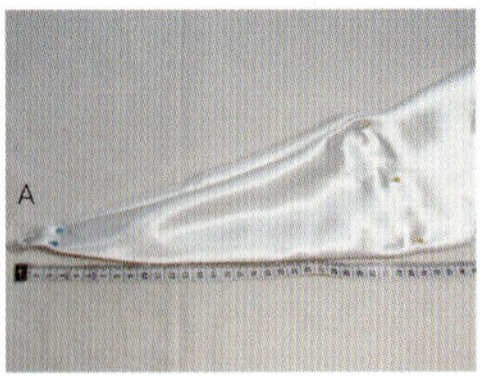

42 再次测量并在30cm处做出标记，以A为基准点，留出4cm余量后，插入蓝色大头针固定。在30cm处插入黄色大头针固定。

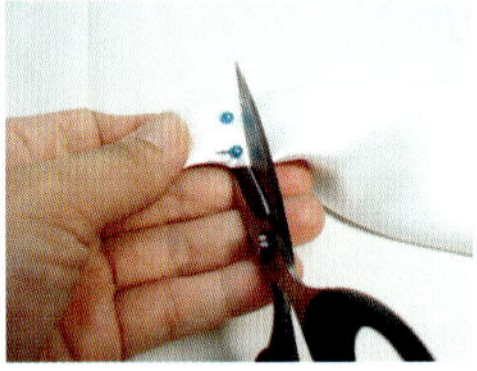

43 剪裁掉插有蓝色大头针的部位。

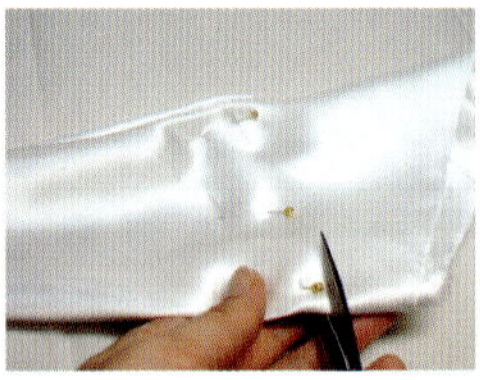

44 在插有黄色大头针的部位，呈弧形剪裁。为防止剪裁的两处脱线，均使用打火机进行整理。

45 展平剪裁后的布料，在小圆孔的一周粗缝涤棉蕾丝。

46 将布料的外圆全部粗缝完毕后，拉线收拢出褶皱。

47 依照瓶底尺寸剪裁出圆形毛毡。依照毛毡尺寸，调节布料孔洞的大小后打结收尾。

48 在孔洞一周细致地涂抹胶后，粘贴固定毛毡，布料口袋完成。

49 将剪裁为边长15cm的白色贡缎布料包裹在瓶子上端。用金线缎带围绕瓶颈一周并粘贴固定，防止布料松散。

50 将步骤49中的红酒瓶放入布料口袋中。自然地折叠出褶皱后，如图，粗缝蕾丝部位，紧紧拉线收拢并打结。

51 用金线缎带缠绕粗缝的部位并固定，缎带两端留出约8cm的余量后，将剩余的缎带自然垂在瓶身处。

52 在留出的8cm缎带末端涂抹胶后，重叠粘贴两条自然垂下的缎带。

53 如图，制造出小熊荡秋千的造型。将金线缎带穿过小熊新郎的臀部和一只胳膊，从其另一只胳膊上经过后粘贴在脖子后方即可。

缎带种类之多超乎想象。根据织物、树木、墙壁、花盆等的特征及色彩的不同，您可以自由选择合适的缎带。Do it yourself（自己动手做）！正是DIY的意义所在。用自己的双手制作出各种小物件，装点美丽的家！今天，您不妨也来挑战一番吧。

Chapter 4

生活用品 DIY

My Room

粘贴一个又一个字母

DIY小木牌

材料

- 仿真半球珍珠（直径1cm）2颗
- 木制英文字母（MY ROOM）
- 木制花朵饰品2个
- 木制挂牌1个
- 金色贡缎缎带（宽2.5cm）1码
- 褐色格子棉缎带（宽2.5cm）1码

制作缎带蝴蝶结

小贴士

- 根据所需英文单词准备木制英文字母。根据英文单词的尺寸准备与之相对应的木制挂牌。

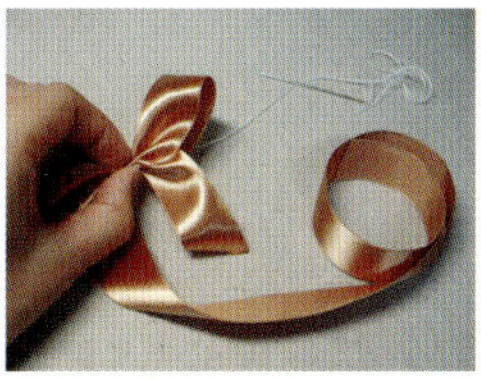

1. 如图，将60cm长的金色贡缎缎带折叠成蝴蝶结形状并粗缝中间部位后，拉线收拢出褶皱。使得缎带的一端短，另一端长。

2. 依照相同方法，将褐色格子棉缎带也制作成蝴蝶结形状。

3. 如图，将缎带的两端都剪裁成“V”形。在金色缎带蝴蝶结中间部位涂抹胶后粘贴格子棉缎带蝴蝶结，再在中间部位粘贴1颗仿真半球珍珠进行装饰。

装饰小木牌

4. 在木制挂牌上适当的位置粘贴缎带蝴蝶结。

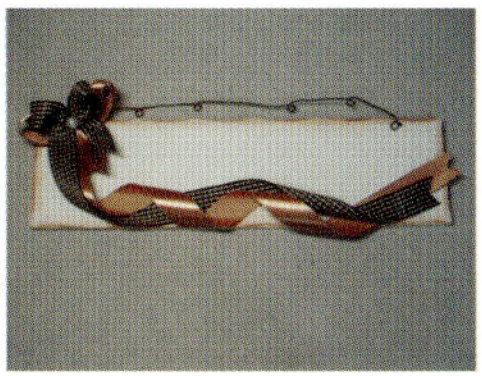

5. 将缎带较长的一端翻转出优雅的曲线，略微涂抹胶后粘贴固定在恰当的位置。

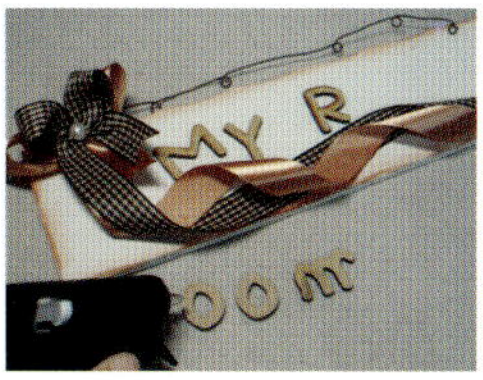

6. 依据英文单词的字母顺序将木制英文字母排列完毕后，粘贴在木制挂牌上。

7. 将2个木制花朵饰品呈斜线略微重叠粘贴后，在1个花朵饰品的中央粘贴1颗仿真半球珍珠。然后将此装饰品粘贴在缎带的末端即可。

我家的装饰

壁挂式钥匙挂板

材料

- 木制壁挂式钥匙挂板1个
- 小熊手工艺饰品1个
- 蕾丝（宽2.5cm）0.5码
- 粉色条状贡缎提花缎带（宽2.5cm）2码
- 深紫色收尾缎带1码
- 紫色收尾缎带1码
- 仿真珍珠（直径1cm）10颗
- 心形仿真珍珠（直径3cm）4颗
- 仿真半球珍珠（直径3cm）2颗

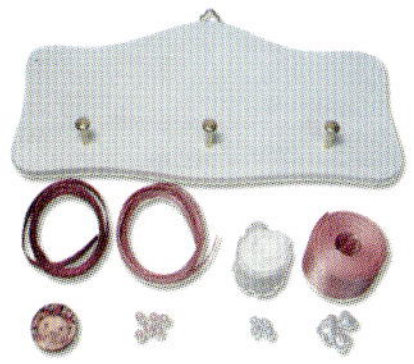

制作小熊装饰品

1 重叠放置45cm长的蕾丝和45cm长的提花缎带，粗缝上方一条边。

2 拉线收拢成甜甜圈形状，在粗缝部位涂抹胶后，粘贴固定小熊手工艺饰品。

3 将剩余的提花缎带的上方一条边粗缝后，拉线收拢成甜甜圈形状。在中间圆形部位涂抹胶后，粘贴固定步骤2中的装饰品。

小贴士

- 在步骤2、3中，需要粘贴2个提花缎带时，应将位于下方的缎带剪裁得更长一些再粗缝。这样才能够使花朵显得更为旺盛。

制作花朵装饰品

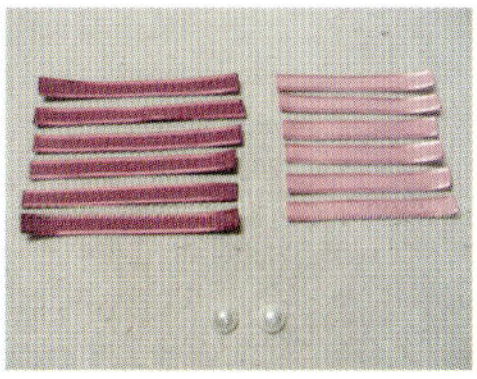

4 剪裁6条5cm长的深紫色收尾缎带，6条4cm长的紫色收尾缎带。

5 将步骤4中的深紫色收尾缎带对折后标记出中心线，如图，将两端向中间对折后粘贴固定。剩余缎带也依照相同方法处理。

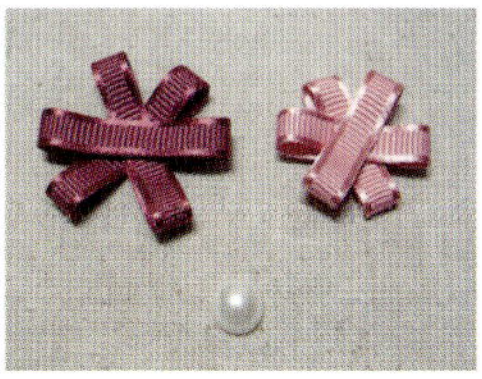

6 如图，分别将3条相同颜色的缎带交叉粘贴，制作成花朵形状。

7 在深紫色花朵上方粘贴固定紫色花朵，在中间部位粘贴仿真半球珍珠即完成花朵装饰品。依照相同方法再制作1个花朵装饰品。

装饰钥匙挂板

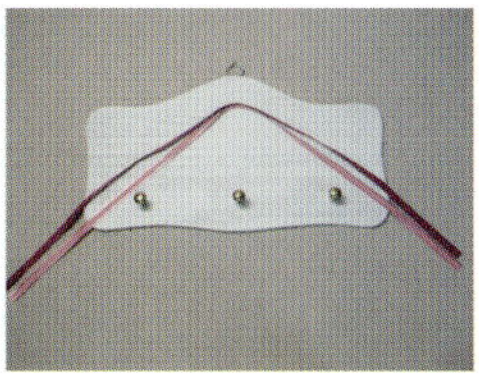

8 将剪裁为55~60cm长的深紫色收尾缎带和紫色收尾缎带重叠放置后，如图，将其固定在钥匙挂板中央。

9 将两端的缎带翻转扭曲制作出造型后，用胶粘贴固定在挂板上。

10 在中间部位粘贴固定小熊装饰品。在缎带两端粘贴心形仿真珍珠进行装饰。

11 在两端缎带的中间位置粘贴花朵装饰品，在钥匙挂板上粘贴仿真珍珠收尾即可。

隐隐渲染房间气氛

闪亮窗帘扣

材料

- 白色假花1捆
- 绿色假花1捆
- 窗帘扣2个
- 毛毡（20cm×10cm）1片
- 淡黄色四条纹路玻璃纱缎带（宽2.5cm）6码
- 淡黄色玻璃纱缎带（宽0.6cm）4码
- 蕾丝（宽2.5cm）1码
- 祖母绿色收尾缎带1码
- 绿色仿真珍珠（直径0.5cm）10~20颗
- 象牙色仿真珍珠（直径0.5cm）10~20颗

制作窗帘扣

1 从白色假花中分离出2个花朵。再从绿色假花中分离出约10片花瓣。

2 在分离出的白色花朵杆茎间涂抹胶，使其充分粘贴固定，显得更加旺盛。将绿色花瓣分散粘贴在白色花朵间隙处。

3 剪裁1片直径7cm的圆形毛毡。再剪裁16条12cm长的淡黄色四条纹路玻璃纱缎带，将其中8条对折后，粘贴在圆形毛毡外围一周。

4 将剩余的8条缎带对折后，如图交叉粘贴在步骤3中的装饰品上。在中间部位粘贴固定步骤2中的花朵装饰品。

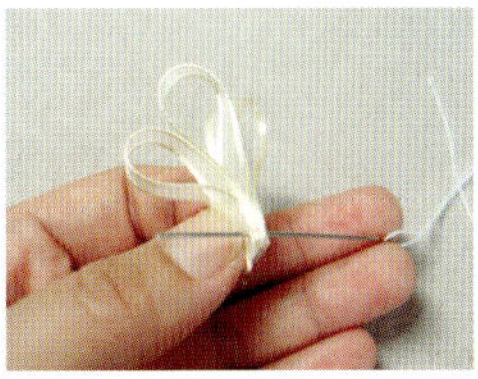

5 如图，将淡黄色玻璃纱缎带分三次对折出5cm、6cm、5cm长后剪裁缎带，粗缝底部并打结。依照相同方法，共制作5个装饰品。在粗缝部位涂抹胶后，粘贴固定在花朵空隙间。

6 将祖母绿色收尾缎带依照一定间距穿入蕾丝的孔洞之间。

7 完成后将蕾丝截成2段（长45cm）。

8 如图，折叠步骤7中的蕾丝装饰品。

9 如图，将60cm长的淡黄色四条纹路玻璃纱缎带制作成飘带较长的蝴蝶结。为防止其松散，用针线固定中间部位。

10 将步骤8中的蕾丝装饰品重叠放在步骤9中的缎带上后粗缝。打结后，在线上穿入4~5颗仿真珍珠，装饰在装饰品的中间部位。

11 将步骤10中的装饰品粘贴在花朵和淡黄色四条纹路玻璃纱缎带中间。在花朵上粘贴仿真珍珠进行装饰。

12 将制作完成的装饰品粘贴在窗帘扣上即可。依照相同方法再制作1个窗帘扣。

暖暖的回忆

软边相框

材料

- 相框（密度板材质）（大）1个
- 布艺棉（尺寸同相框）1片
- 粉色格子亚麻布料（45cm×55cm）1片
- 奶油色贡缎缎带（宽4cm）1码
- 粉色贡缎缎带（宽2.5cm）1码
- 仿真半球珍珠（直径1.5cm）1颗
- 仿真半球珍珠（直径1.2cm）4颗
- 仿真半球珍珠（直径0.8cm）4颗
- 白色、粉色仿真半球珍珠（直径0.5cm）各10颗

包裹相框

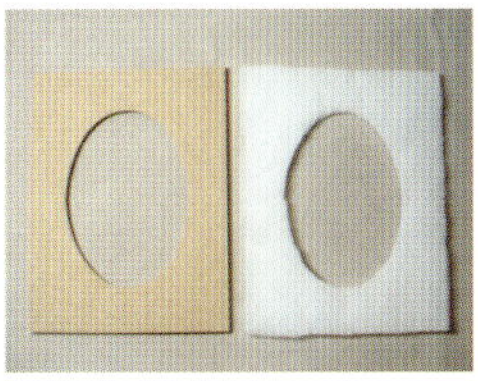

1 将相框与布艺棉重叠放置，用笔画出相框轮廓，依照线条剪裁布艺棉。

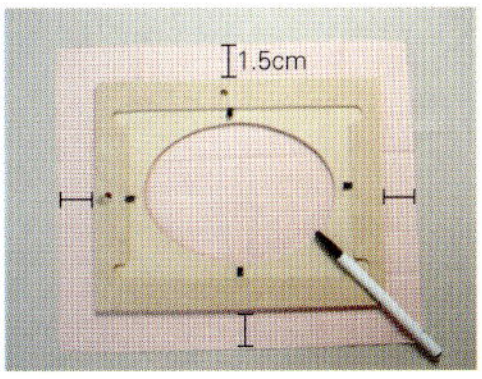

2 粉色格子亚麻布料依照相同方法画出相框轮廓后，各边留出1.5cm布边后剪裁。

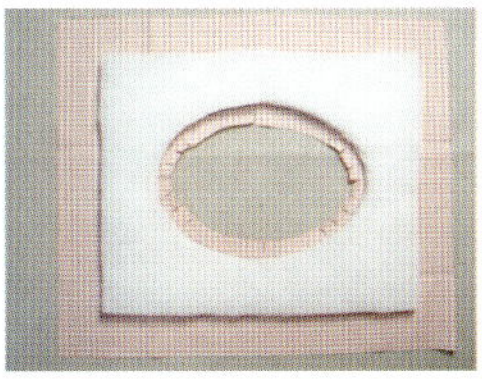

3 如图，在布料中间椭圆一周剪出牙口后，覆盖上布艺棉。

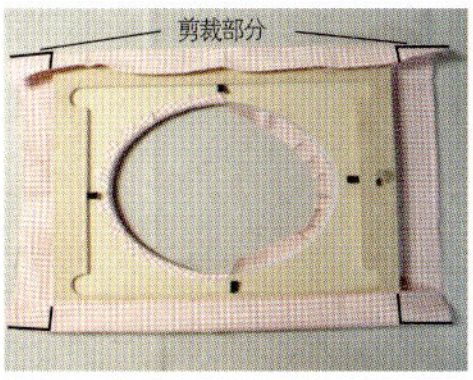

4 在布艺棉上放置相框，在相框上下两侧的布边上涂抹胶后，粘贴固定在相框上。在中间椭圆处剪出的牙口部位均匀涂抹胶后粘贴固定在相框上。

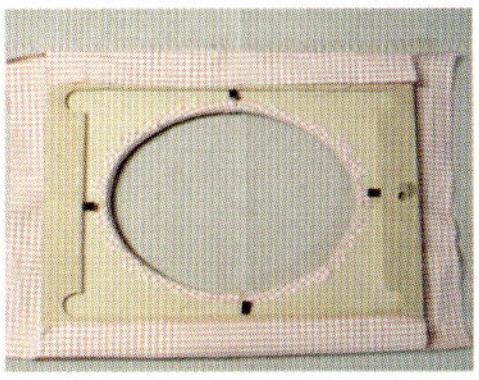

5 剪裁步骤4中标注的剪裁部分。

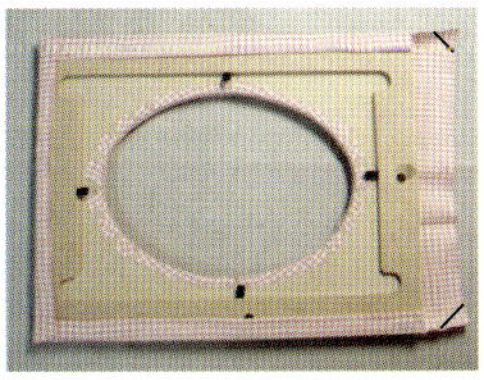

6 为防止脱线，将上下两侧布料向内折叠两次后用胶粘贴固定。将四个边角呈斜线折叠，左右两侧布边向内折叠两次后粘贴固定在相框上。

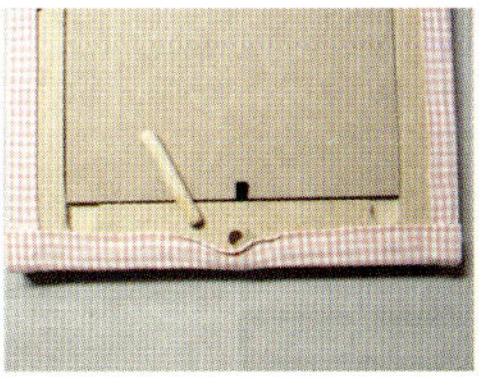

7 覆盖上相框背面挡板即可。

小贴士

· 根据装饰所需，准备充足的仿真半球珍珠，也可根据个人喜好，省略仿真珍珠装饰。

制作花朵装饰品

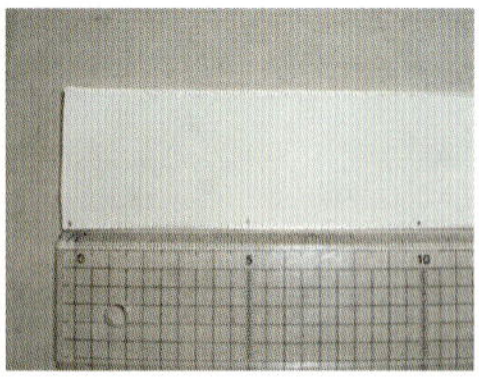

8 展平放置奶油色贡缎缎带后，如图，以5cm为间距，在缎带上做出标记。

9 如图画出斜线。

10 沿画出的斜线粗缝。

11 粗缝结束后，拉线收拢出褶皱。

12 理顺整条缎带，使褶皱自然凸显在外。

13 在两端涂抹胶，相互重叠粘贴，制作出花朵形状。

14 依照相同方法用粉色贡缎缎带再制作1个花朵。

15 在奶油色缎带花朵上重叠粘贴粉色缎带花朵。

16 在花朵中央粘贴固定直径1.5cm的仿真半球珍珠。

17 如图，将较小的仿真半球珍珠装饰在花朵周边，粘贴固定。

装饰相框

18 在镜框正面适当的位置粘贴固定花朵装饰品。

19 将仿真半球珍珠粘贴固定在相框正面适当的位置。美丽的相框制作完成。

嘀嘀嘀嘀！

充满童趣的车牌

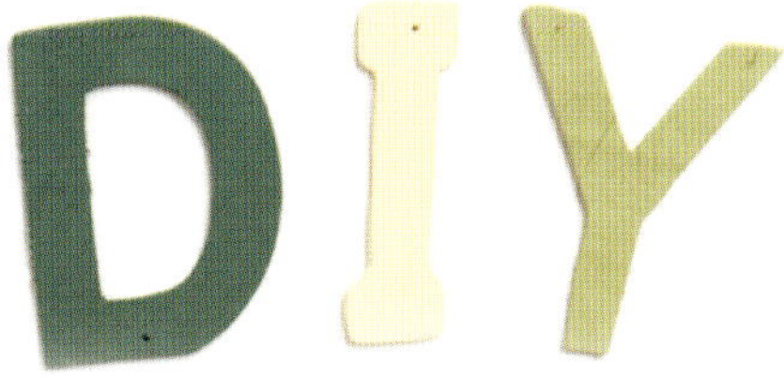

材料

- 心形号码牌（密度板材质）1个
- 双面胶带（大）1卷
- 淡粉色格子布料（45cm×55cm）1片
- 紫色收尾缎带1码
- 数字粘贴毛毡1张
- 心形小熊压克力饰品1个

包裹号码牌

1 去除号码牌背面的硅胶粘贴板，在背面粘贴双面胶带。

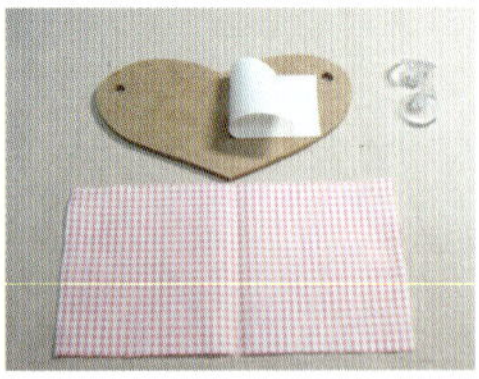

2 将淡粉色格子布料按照大于号码牌的尺寸剪裁，撕掉隔离胶带后，将布料粘贴在号码牌上。

3 掀起布料，在插入粘贴板的孔洞周围涂抹胶后，粘贴固定布料。

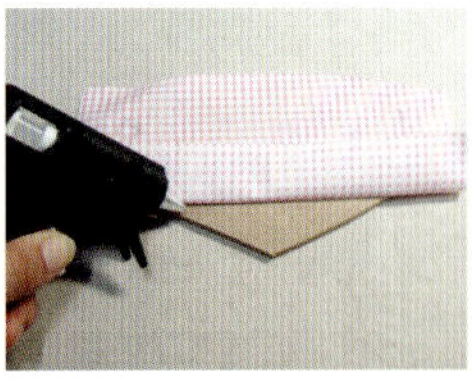

4 在号码牌周围涂抹一层薄薄的胶。

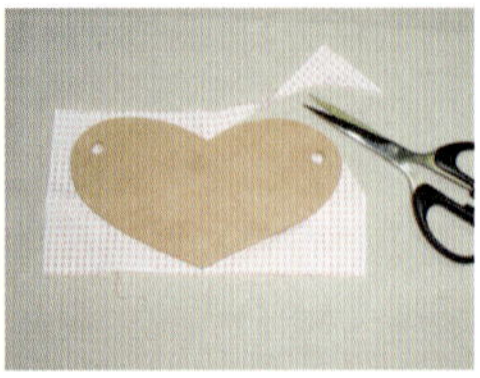

5 牢固粘贴布料后，按照号码牌的形状剪裁布料。

6 用剪刀尖将粘贴板孔洞处的布料穿透后，如图，插入粘贴板。

制作褶皱缎带

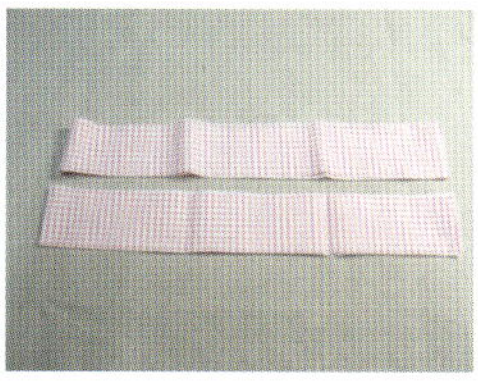

7 将淡粉色格子布料剪裁出2条长45cm、宽5cm的长方形备用。

8 如图，为防止布料脱线，将上下两边向内折叠约0.5cm。

9 将步骤8中的布料横向对折后，从头至尾粗缝。

10 拉线收拢出褶皱后先不打结，制作成褶皱缎带。

装饰号码牌

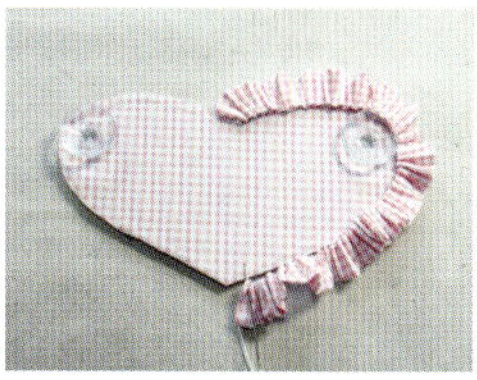

11 使褶皱缎带能够围绕住一半的心形号码牌，调整并理顺褶皱后打结。

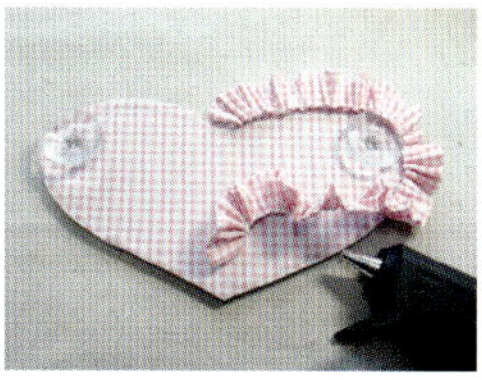

12 在号码牌周围涂抹胶后，将粗缝一边朝向内侧，粘贴固定褶皱缎带。

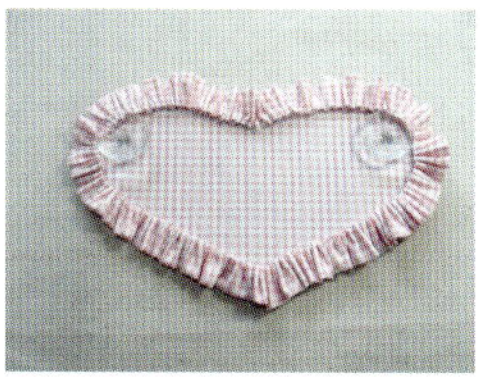

13 剩余1条布料依照相同方法收拢出褶皱后，粘贴固定在号码牌上。

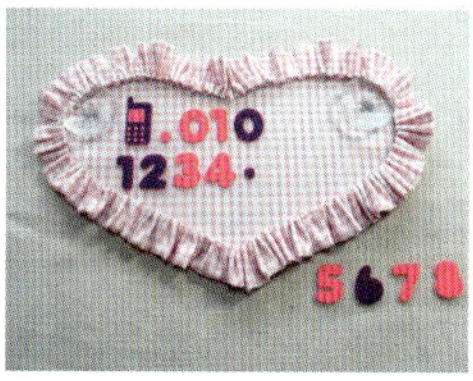

14 将数字毛毡漂亮地排列在号码牌上，粘贴固定。

15 将紫色收尾缎带遮盖住褶皱缎带的粗缝部位后粘贴固定即可。

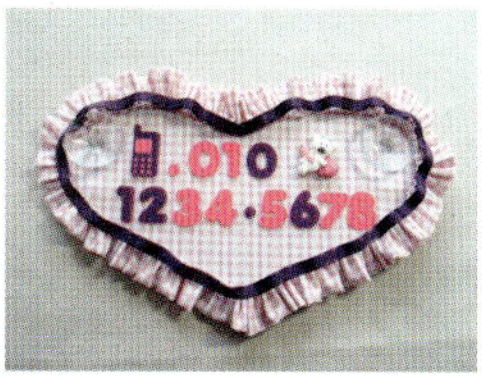

16 在号码牌上粘贴固定心形小熊压克力饰品后即完成制作。

自然清新餐布+餐具托

材料

- 亚麻布（34cm×24cm）2片
- 小熊木制纽扣4颗
- 椭圆形切块木制餐具托2个
- 褐色跳线收尾缎带1码
- 褐色贡缎缎带（宽2.5cm）1码

制作餐布

1 展平亚麻布，如图，将各边自然抽出1cm宽的线头。

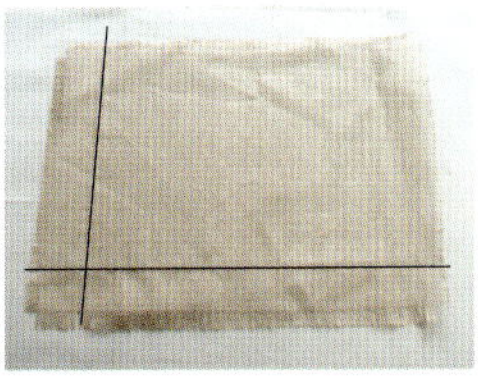

2 在距离下端一边3~4cm处，横向抽掉3~4根线头。依照相同方法，在距离左侧一边3~4cm处，纵向抽掉3~4根线头。

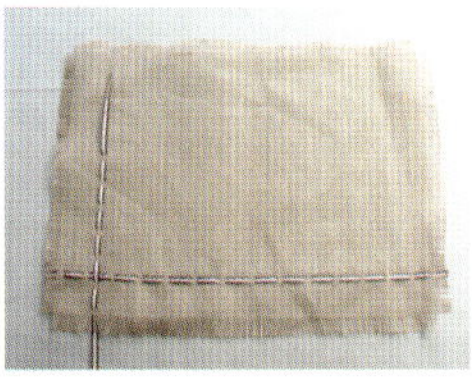

3 如图，在横向抽掉线头的位置，每隔0.5cm穿入并抽出褐色跳线收尾缎带，反复穿入抽出。依照相同方法，纵向穿入抽出褐色跳线收尾缎带。

装饰餐布

4 将剪裁出的30cm长的褐色贡缎缎带对折，标记出中心线。如图，将缎带以中心线为基准，折叠出蝴蝶结形状，粗缝重叠部位并打结。

5 将缎带两端呈斜线剪裁后，为防止脱线，用打火机略微处理。将小熊木制纽扣粘贴固定在蝴蝶结中间部位后，再将之粘贴固定在餐布纵横两线的交界处。依照相同方法再制作1块餐布。

装饰餐具托

6 将褐色跳线收尾缎带呈斜线交叉折叠出蝴蝶结形状，为防止其松散，用胶粘贴固定中间部位。

7 在木制餐具托的一角，粘贴缎带蝴蝶结，并在蝴蝶结中间部位粘贴小熊木制纽扣，餐具托制作完成。依照相同方法再制作1个餐具托。

LA TOUR EIFFEL

小磁铁装饰

材料

- 红色格子缎带（宽4cm）30cm2条
- 小熊压克力饰品2个
- 小磁铁2个

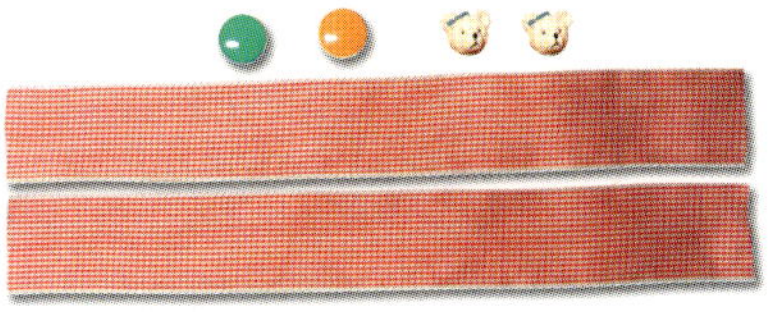

制作小磁铁装饰品

1 横向对折红色格子缎带，按一定间距粗缝缎带。

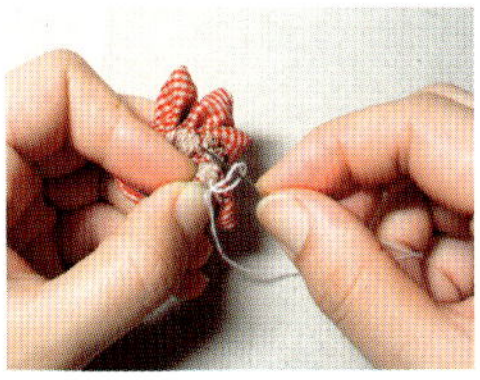

2 如图，一边粗缝一边拉线收拢出褶皱，粗缝完毕后打结即可。

3 完成褶皱缎带装饰品。

4 将缎带两端涂抹胶后，粘贴成甜甜圈形状。

5 在中间部位涂抹胶后粘贴小熊压克力饰品。

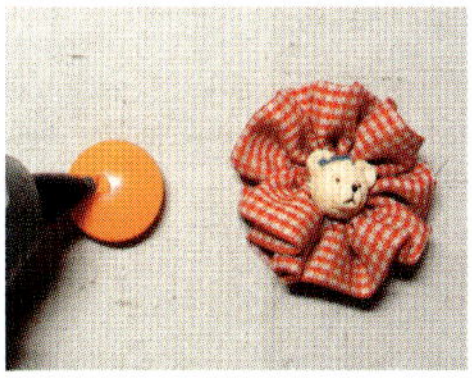

6 将步骤5中的装饰品粘贴在小磁铁上即可。依照相同方法再制作1个小磁铁装饰品。

小贴士

- 压克力饰品的种类繁多，除小熊形状外，还可根据个人喜好选择其他造型。

影影绰绰的

圣诞节照明灯

材料

- 圆形照明灯1组
- 绿色点状花纹贡缎缎带（宽1.5cm）3码
- 褐色点状花纹贡缎缎带（宽1.5cm）3码
- 仿真半球珍珠（直径1.2cm）20颗

制作缎带装饰品

1 剪裁5条5cm长的绿色点状花纹贡缎缎带。

2 如图，对折缎带，一边粗缝一边连接5条缎带，缝制成花朵形状。

3 在步骤2中的装饰品中间部位粘贴仿真半球珍珠。

4 依照相同方法制作褐色点状花纹缎带装饰品。绿色、褐色缎带装饰品各制作10个。

装饰照明灯

5 在照明灯与连接线相交处涂抹胶，粘贴步骤 4 中的装饰品。

6 在照明灯上交替粘贴绿色和褐色缎带装饰品即可。

FOOT LATHES
Great Automobiles By 48 Master Builders
HUDSON MOTOR CAR COMPANY
Electric Self-Cranking—Electrically Lighted
MAGIC LANTERNS
LAMB
The Del-Hoff
Of Anthracite Waste
No Pain!
NO HIGH PRICES!
The Globe Co.'s
HARNESS
L. L.
CHAPMAN
CARRIAGES
No Pain
NO HIGH PRICES
HAND DRIL
ICE MACHINES
F. P. MURTAGH
FILLED GLASSES FOR $1
ton Optical Co.
MODERN COMMUNICATION
EFFECTIVENESS
手ぬいで作るベビー小物
猫の哲学ノート

甜甜美美的

巧克力蛋糕餐巾纸盒

材料

- 餐巾纸盒（密度板材质）1个
- 象牙色贡缎缎带（宽2.5cm）10码
- 金色贡缎缎带（宽2.5cm）10码
- 金色贡缎缎带（宽4cm）1码
- 黑色收尾缎带1码
- 三色辫绳（宽0.5cm）1码
- 褐色仿真珍珠链1条（约50颗直径0.8cm珍珠）
- 象牙色仿真珍珠链1条（约80颗直径0.5cm珍珠）
- 双面胶带（小）1个

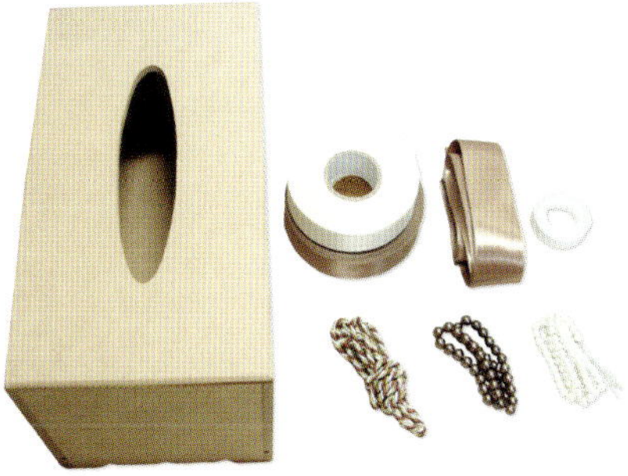

包裹餐巾纸盒——上面

1 如图，在餐巾纸盒上细致地粘贴双面胶带。

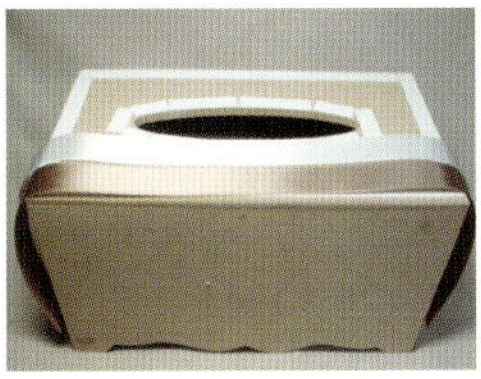

2 将2.5cm宽金色贡缎缎带（10条）纵向，象牙色贡缎缎带（6条）横向放置比对后剪裁。撕掉隔离胶带后粘贴固定缎带。

3 暂时无须处理盒子中间的孔洞，直接撕掉隔离胶带并如图横向、纵向交叉粘贴缎带即可。

4 在距离盒子边剩余2条纵向缎带尚未粘贴的位置，夹入黑色收尾缎带，并用双面胶带粘贴固定，再将剩余的2条纵向缎带与横向缎带交叉粘贴固定在盒面。

包裹餐巾纸盒——宽侧面

5 依照长于侧面横向长度尺寸剪裁象牙色贡缎缎带。如图，在缎带末端粘贴双面胶带后，并列粘贴在侧面。

6 依照盒子上面的包裹方法，在侧面也将金色和象牙色缎带交叉粘贴。相对的另一个宽侧面依照相同方法交叉粘贴缎带。

小贴士

- 使用宽2.5cm的缎带包裹餐巾纸盒。剪裁时应保证缎带长度能够覆盖盒子的3个面。
- 依据需要准备充足的仿真珍珠。若希望装点较多仿真珍珠并折叠出褶皱，请留出充足的缎带长度。
- 不同的厂家制作出的餐巾纸盒尺寸不一。可将缎带直接放在盒子上比对后，剪裁需要的缎带长度以及数量。

包裹餐巾纸盒——窄侧面

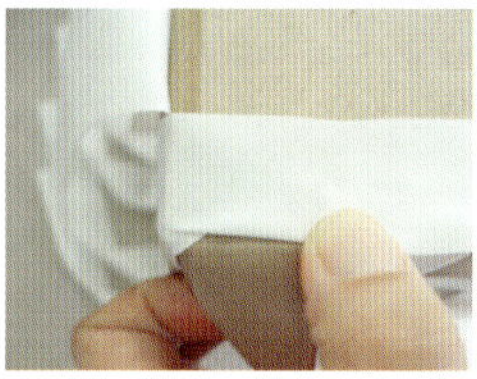

7 如图，将从盒子上面垂落下来的象牙色缎带依照侧面的宽度折叠。

8 同样交叉粘贴金色缎带和象牙色缎带。在交叉覆盖最后一条缎带时，暂时不用双面胶带粘贴金色贡缎缎带，用尺子按压住。将象牙色缎带缓缓插入金色缎带再缓缓抽出。

9 将剩余部分折叠进内侧后再粘贴固定。相对的另一个窄侧面也依照相同方法交叉粘贴缎带。

包裹餐巾纸盒——收尾

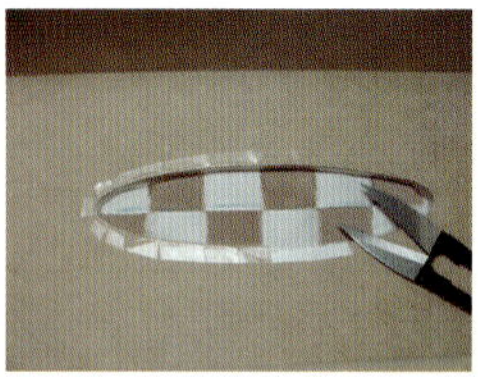

10 如图，翻转盒子，在孔洞周围粘贴双面胶带。在覆盖于孔洞上的缎带上画出直线，用剪刀或纱剪沿线剪裁。

11 在缎带上涂抹胶，将剪裁后的缎带粘贴在盒子内侧即可。

14 在粘贴的过程中，去掉黑色收尾缎带，粘贴固定三色辫绳。

15 将剩余一面的开合板略微抽出，再边缝制边粘贴固定褶皱缎带装饰品。待4个面都粘贴好后再打结，牢固粘贴缎带末端。需确认开合板是否能够开合自如。

装饰餐巾纸盒

12 如图，粗缝2.5cm宽金色贡缎缎带一条边并收拢出褶皱。在褶皱间隙依照2颗象牙色仿真珍珠、1颗褐色仿真珍珠的顺序交替缝制。

13 先制作好的褶皱缎带长度应足以围绕盒子的3个面（除去装餐巾纸的一面），暂时不打结，而是从盒子一角开始涂抹胶，粘贴固定褶皱缎带装饰品。

16 依照相同方法制作围绕在盒子开口处即抽纸部位的褶皱缎带装饰品，围绕一周粘贴固定即可。

制作繁缕花装饰品

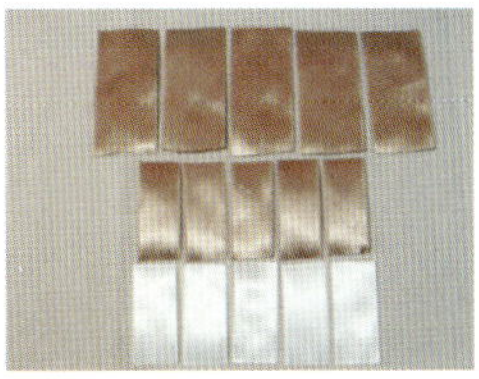

17 剪裁15条长5cm的象牙色贡缎缎带，15条长5cm、宽2.5cm的金色贡缎缎带，5条长8cm、宽4cm的金色贡缎缎带。

18 如图，折叠象牙色缎带两角后，制成三角形。

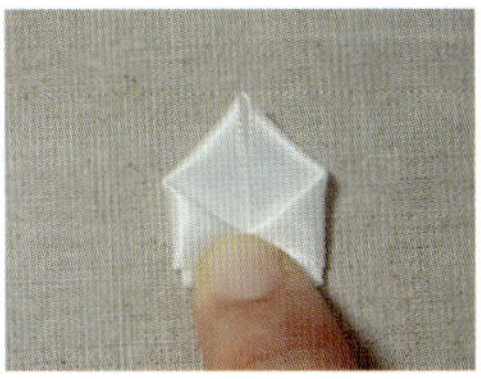

19 如图，将两个底角向中心对折。

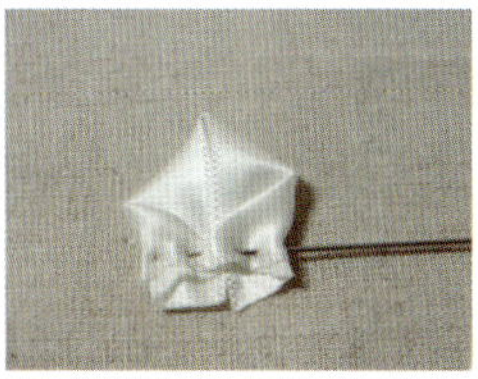

20 为防止折叠部位松散，保持较窄的间距粗缝缎带底边，拉线收拢出花瓣形状并打结。

21 依照步骤18~20的方法，制作5片象牙色缎带花瓣和10片金色缎带花瓣。

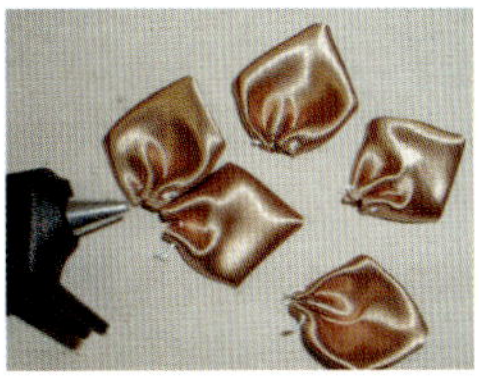

22 将相同颜色、相同宽度的缎带花瓣用胶一片片粘贴起来，制作成繁缕花。

23 依照金色大繁缕花、象牙色繁缕花、金色小繁缕花的顺序粘贴固定后，在中间部位粘贴仿真珍珠作为装饰。

24 再用象牙色缎带和2.5cm宽金色缎带各制作2个繁缕花，并按不同顺序粘贴在一起后，在中间粘贴仿真珍珠进行装饰。

完成巧克力蛋糕餐巾纸盒

25 在用胶粘贴固定前，大致确定三色辫绳及繁缕花装饰品的位置。

26 用三色辫绳粘贴出藤蔓的造型，并在适当位置粘贴繁缕花装饰品即可。

甜美壁挂钟表

材料

- 圆形钟表盘（密度板材质）（大）1个
- 钟表配件1套
- 数字板1个
- 双面胶带（中）1卷
- 金色仿真半球珍珠（直径0.5cm）8颗
- 象牙色仿真半球珍珠（直径0.8cm）5颗
- 象牙色仿真半球珍珠（直径0.5cm）5颗
- 褐色仿真半球珍珠（直径0.5cm）6颗
- 象牙色仿真珍珠（直径0.5cm）60~90颗
- 深粉色仿真珍珠（直径0.5cm）30~40颗
- 奶油色丝绒缎带（宽2cm）4码
- 粉色点状花纹贡缎缎带（宽4cm）5码
- 奶油色贡缎缎带（宽4cm）5码
- 淡象牙色贡缎缎带（宽1cm）2码
- 印第安粉色贡缎缎带（宽1.5cm）2码
- 三色辫绳3码

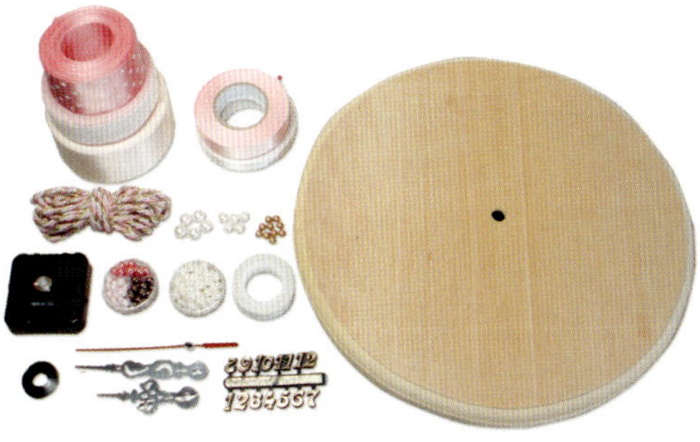

小贴士

- 可根据个人喜好创作出截然不同的包裹钟表的缎带式样。

包裹圆形钟表盘

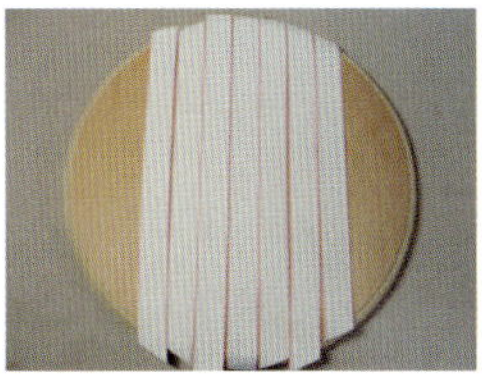

1 将奶油色丝绒缎带放在圆形钟表盘上，比对长度并剪裁，将中间2条用双面胶带粘贴固定，剩余胶带整齐排列即可。

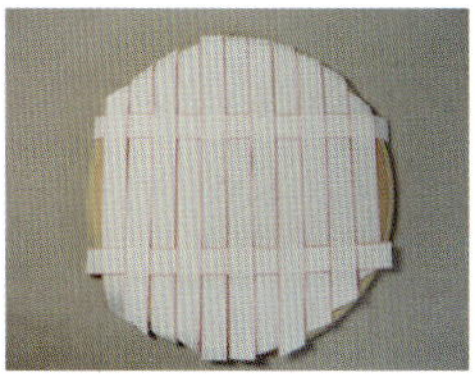

2 预留出正中央固定表针的孔洞后，在适当位置横向摆放奶油色丝绒缎带后剪裁。如图，将横向放置的缎带与纵向放置的缎带交叉穿插。

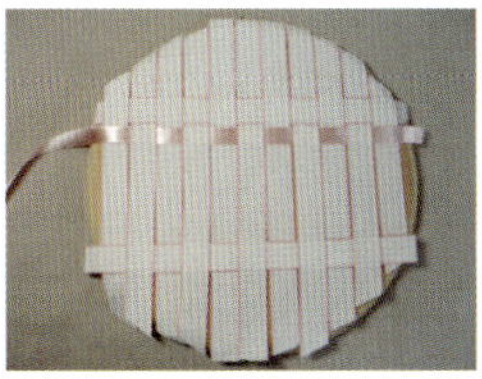

3 如图，将印第安粉色贡缎缎带横向交叉穿插后，剪裁出适当的长度。

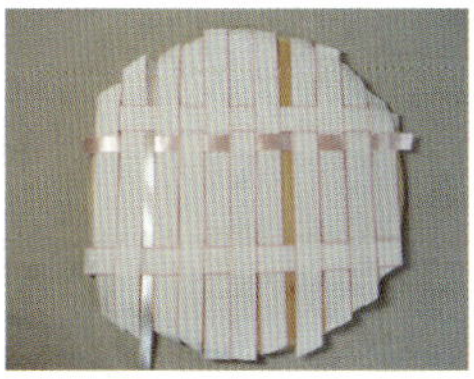

4 将纵向缎带略微挪向两侧，尽可能遮盖住两侧，中间出现的空隙用淡象牙色贡缎缎带穿插遮盖即可。

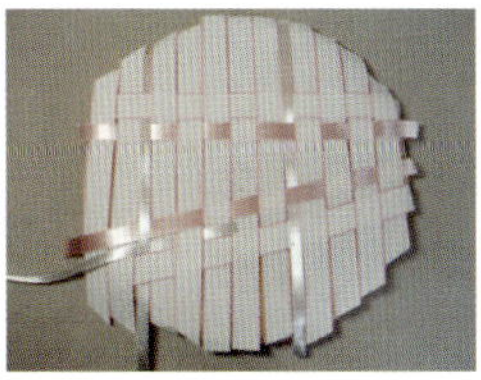

5 将横向穿插在钟表下部的丝绒缎带方向略微倾斜，再在其上方自然地穿插印第安粉色和淡象牙色缎带。

6 依照个人喜好穿插缎带，摆出造型后，将其粘贴固定在钟表盘上。

制作圆形钟表

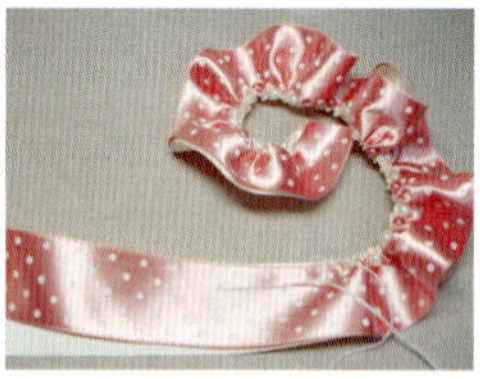

7 将粉色点状花纹贡缎缎带与奶油色贡缎缎带的背面贴合对齐后粗缝一条边，每缝制3针穿入1颗仿真珍珠。根据个人喜好，调节间距及仿真珍珠个数。

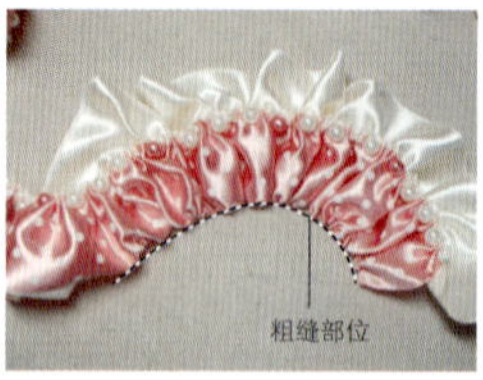

8 比对钟表周长后折叠出褶皱并打结。展平缎带后，仅粗缝点状花纹缎带另一条边，轻微拉线并自然地收拢出褶皱后打结即可。

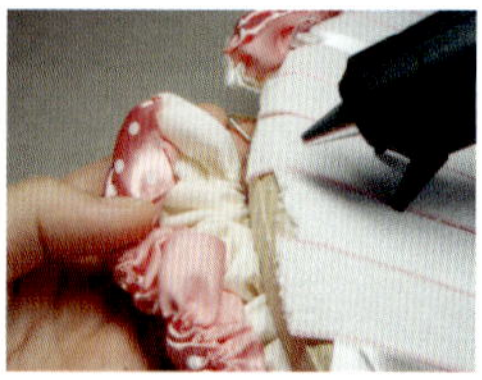

9 依照相同方法粗缝奶油色贡缎缎带另一条边并拉线收拢出褶皱。如图，将缎带连接处套在钟表盘边缘，覆盖边缘部位。从悬挂钟表的位置开始粘贴固定。

10 如图，用三色辫绳环绕点状花纹缎带内侧一周，紧紧贴合点状花纹缎带粘贴固定。再环绕一周并粘贴固定后，将剩余部分剪裁掉。

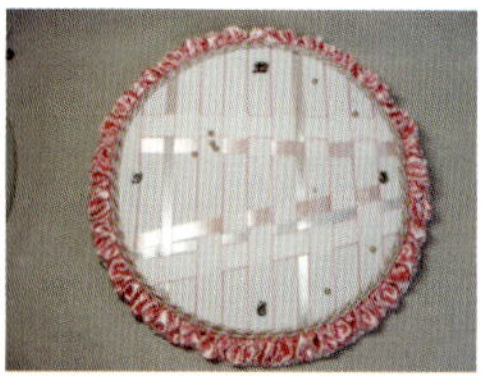

11 从数字板上取下相应的数字，在钟表盘上排列数字和金色仿真半球珍珠后粘贴固定。

12 在固定表针的位置呈“十”字形留出刀口，将准备好的钟表配件以及表针前后安装妥当并进行调试。钟表配件适合用胶粘贴固定。

制作包装花

13 将剩余的粉色点状花纹贡缎缎带如图折叠成方形后剪裁。为防止缎带松散，用大头针固定。

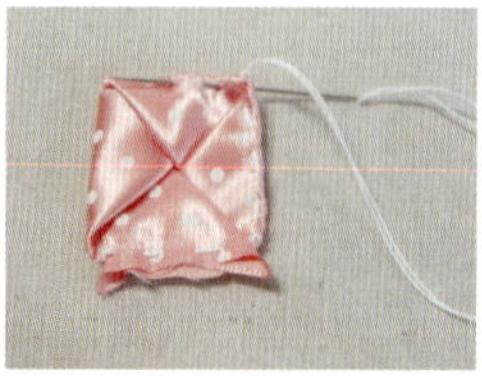

14 如图，粗缝4条边。

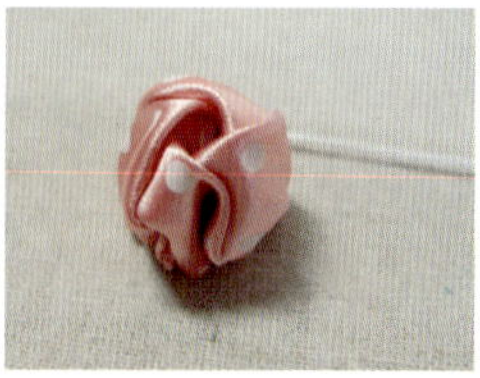

15 轻微拉线收拢出花苞形状。依照相同方法再制作2个装饰品。

⑯ 剪裁出25cm长的点状花纹缎带，翻转到背面后，如图在5cm处做出标记并粗缝。

⑰ 一边粗缝一边拉线收拢，当两端相接时，用胶粘贴固定。用手整理出自然的褶皱，使其形成花朵形状。

⑱ 将步骤15中的装饰品粘贴固定在花朵中间部位。

⑲ 在奶油色贡缎缎带中间放置印第安粉色缎带，折叠缝制出长约13cm的蝴蝶结。

⑳ 在步骤19中的蝴蝶结中间部位粘贴固定步骤18中的装饰品，包装花制作完成。

装饰收尾

㉑ 用印第安粉色贡缎缎带和淡象牙色贡缎缎带各制作出2个长度（横向）为5cm和3cm的蝴蝶结。再剪裁出60cm长的淡象牙色缎带和50cm长的三色辫绳。

㉒ 对折淡象牙色缎带和三色辫绳，并标记出中心线。将缎带和辫绳的中心点粘贴固定在数字“12”所在位置上方。

㉓ 如图，将步骤20中的包装花粘贴固定在数字“12”所在位置上方后，将两端的缎带和三色辫绳翻转扭曲固定。

㉔ 将步骤21中的缎带蝴蝶结重叠粘贴后，在中间部位粘贴固定仿真半球珍珠。如图，使用步骤15中剩余的装饰品和仿真半球珍珠装饰钟表即可。

图书在版编目（CIP）数据

缎带DIY新手必备的第一本书/（韩）成允书著；郑丹丹译.—郑州：河南科学技术出版社，2014.1
ISBN 978-7-5349-6645-3

Ⅰ.①缎… Ⅱ.①成… ②郑… Ⅲ.①手工艺品-制作 Ⅳ.①TS973.5

中国版本图书馆CIP数据核字（2013）第258495号

出版发行：河南科学技术出版社
地址：郑州市经五路66号　　邮编：450002
电话：（0371）65737028　65788613
网址：www.hnstp.cn
策划编辑：李　洁
责任编辑：孟凡晓
责任校对：李　洁
责任印制：张艳芳
印　　刷：北京盛通印刷股份有限公司
经　　销：全国新华书店
幅面尺寸：190 mm × 260 mm　印张：9　字数：210千字
版　　次：2014年1月第1版　2014年1月第1次印刷
定　　价：39.80元

如发现印、装质量问题，影响阅读，请与出版社联系调换。